目录

儿童服装的参考尺寸

单位（cm）

<table>
<tr><th>部位
尺寸</th><th>身高</th><th colspan="2">胸围</th><th>腰围</th><th>臀围</th><th>上身长</th><th>袖长</th><th>上裆</th><th>下裆</th><th>头围</th></tr>
<tr><td>100</td><td>95~105</td><td colspan="2">54</td><td>51</td><td>55</td><td>25</td><td>32</td><td>17</td><td>38</td><td>52</td></tr>
<tr><td>110</td><td>105~115</td><td colspan="2">58</td><td>53</td><td>61</td><td>27</td><td>37</td><td>18</td><td>43</td><td>54</td></tr>
<tr><td rowspan="2">120</td><td rowspan="2">115~125</td><td>男</td><td>64</td><td>57</td><td>69</td><td>30</td><td rowspan="2">41</td><td>18</td><td rowspan="2">49</td><td rowspan="2">55</td></tr>
<tr><td>女</td><td>62</td><td>55</td><td>66</td><td>29</td><td>19</td></tr>
</table>

可爱的背带裙

1
SEE PAGE
4

背带裙尺寸 适合身高105~115cm
模特身高 110cm

2
SEE PAGE
66

衬裙尺寸 适合身高105~115cm

人气草莓印花布缝制的可爱背带裙。搭配蕾丝边的衬裙，法式田园风一定能得到你的青睐！

2 （第2页）的衬裙

1（第2页）的背带裙

作品1的材料

表布（天鹅绒印花布）宽108cm，长分别为90cm、90cm、100cm
橡皮筋（后腰）宽0.7cm、长50cm
♪表布是起毛布料，需按同一方向裁剪。
♪肩带、布圈、前腰带、后腰带没有实物大纸样。直接在布料上画好后裁剪。

＊ 制作图中未标明单位的尺寸均以厘米（cm）为单位。

的各部分使用实物大纸样A面（第2页作品1）的纸样

仔细手缝

（拱缝）

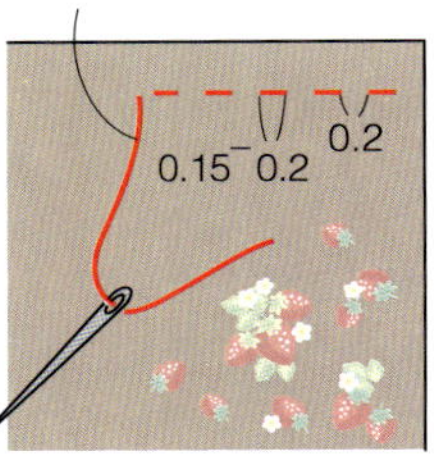

尺寸标记
上行＝100cm（身高95~105cm）
中行＝110cm（身高105~115cm）
下行＝120cm（身高115~125cm）
只有一个数字时为通用部分

表布的裁剪方法

○内的数字为缝份尺寸

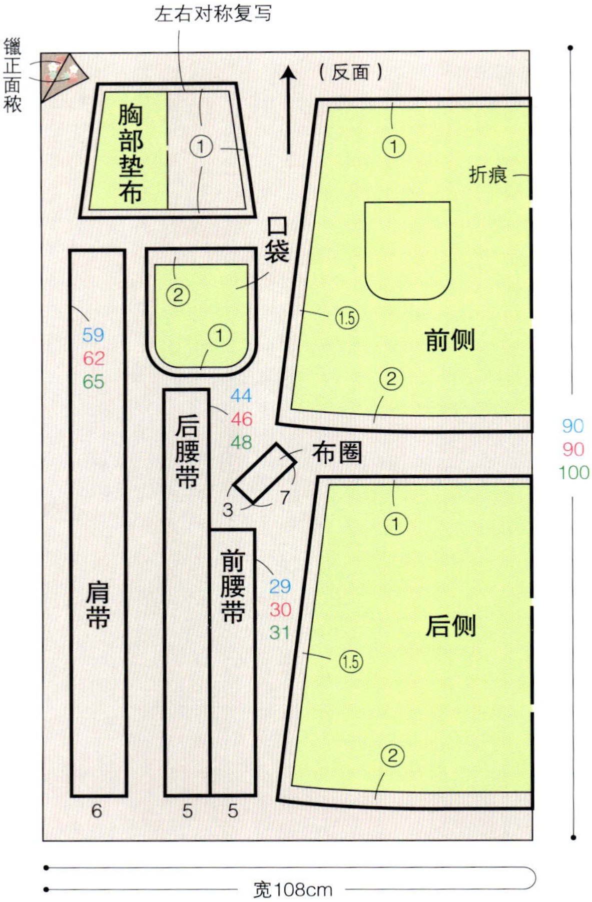

1 制作口袋，缝好。

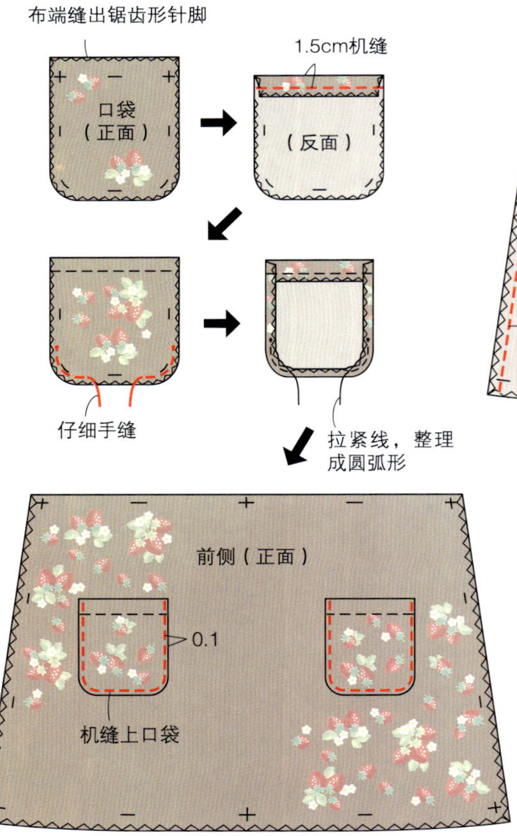

2 缝出侧边线。

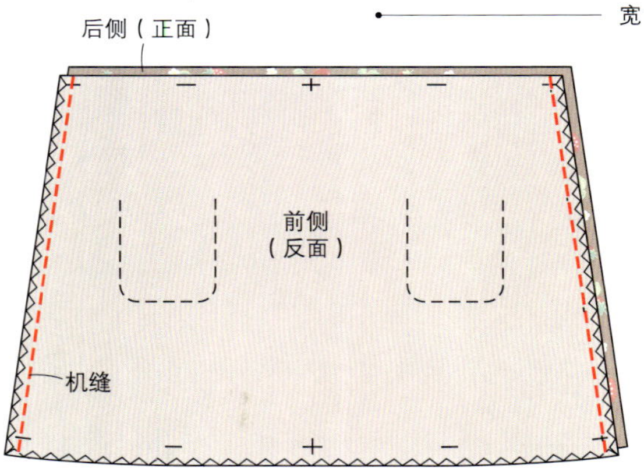

3 缝出裙摆线。

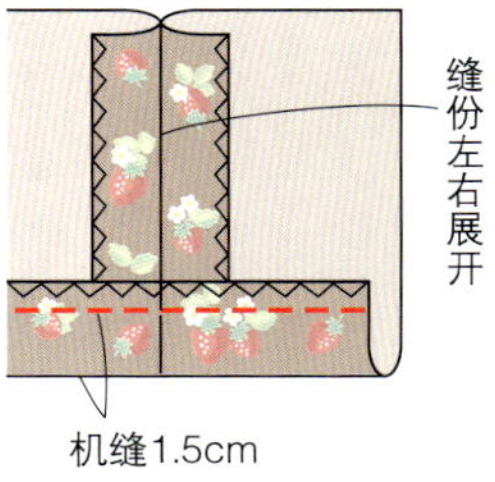

4 做出褶皱。

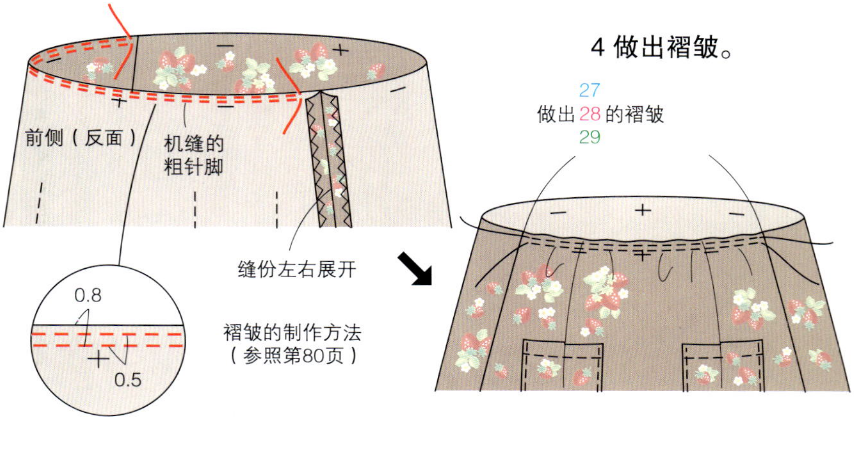

褶皱的制作方法（参照第80页）

5 制作肩带。

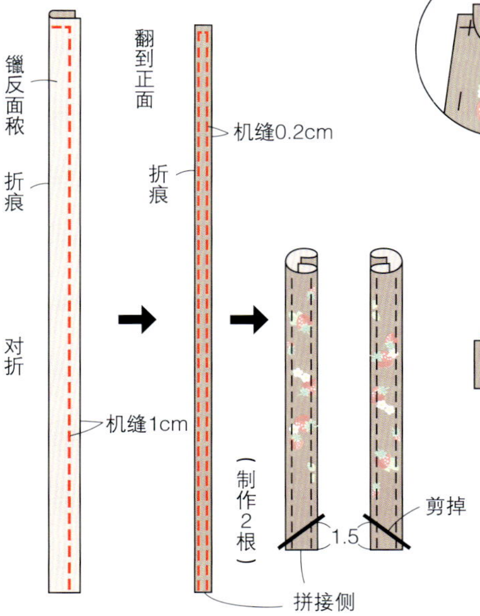

6 制作打结用的布圈。

（参照第68页）

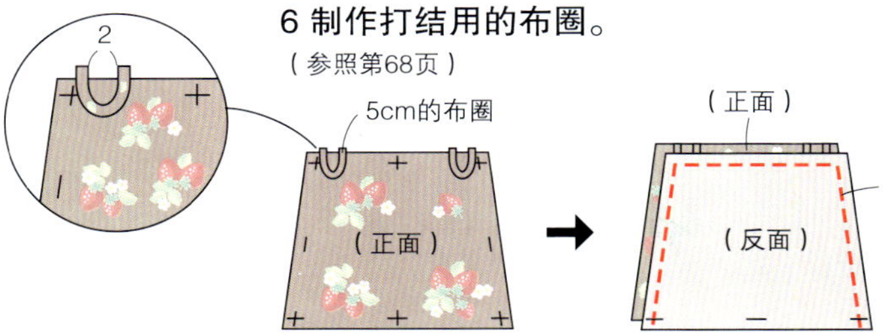

7 制作胸部垫布。

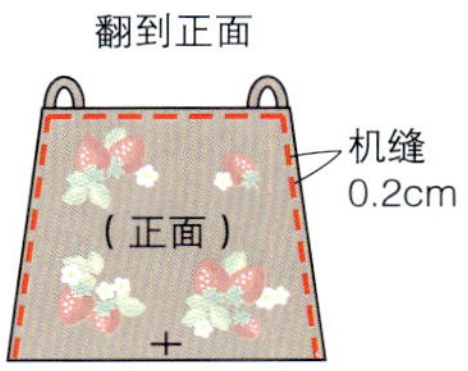

8 制作腰带。

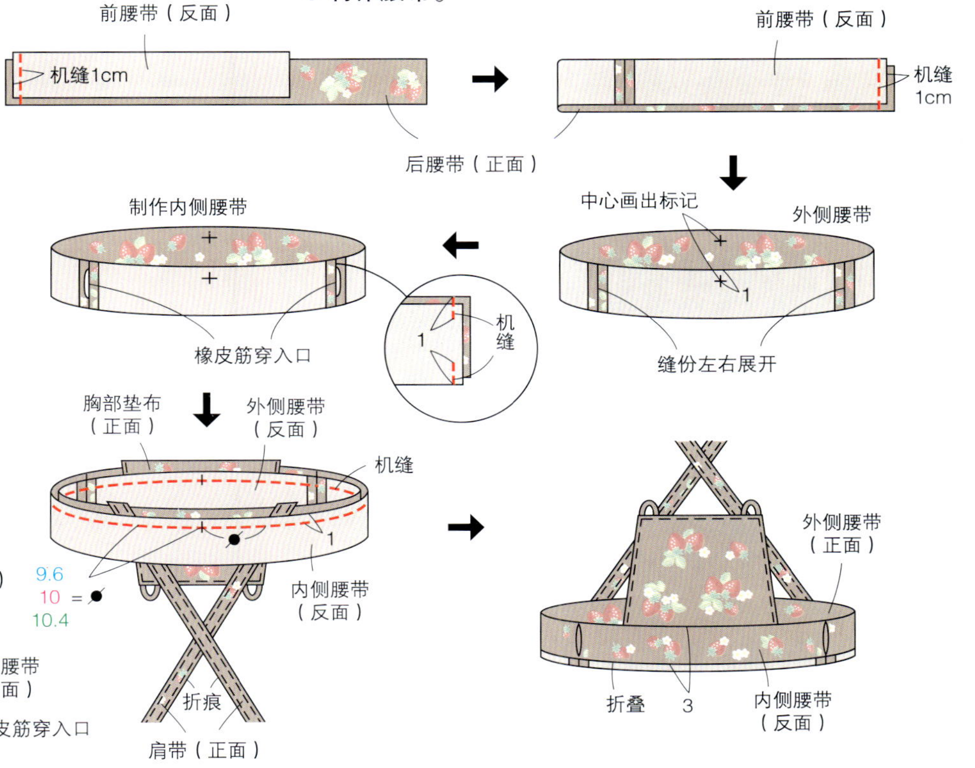

9 拼接腰带。

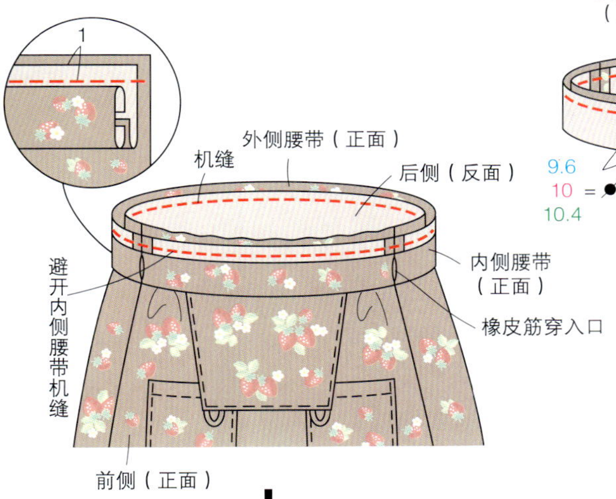

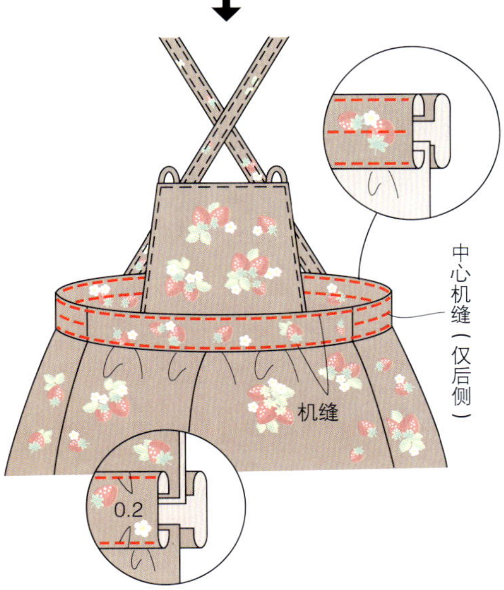

10 橡皮筋从腰带中穿过。

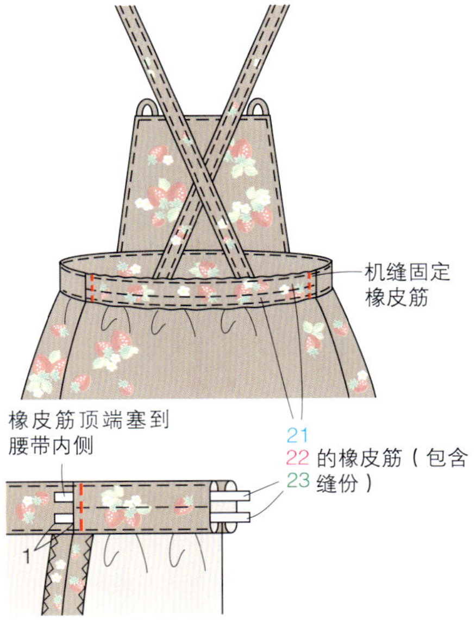

完成

连体裤

3
SEE PAGE
8

连体裤尺寸 适合身高105~115cm
模特身高 110cm

筒状的上身与短裤拼接而成的款式。圆绳从腰间穿过，在左侧打结。

4

SEE PAGE
8

连体裤尺寸 适合身高115~125cm
模特身高 124cm

上身与作品3的设计相同，但下身长及脚踝。穿绳带的位置略低于腰，是当下流行的设计。

第6页作品3

第7页作品4

作品3、4的材料（1件的用量）

作品3表布（方格/起毛印花）宽114cm、长70cm
作品4表布（天鹅绒）宽110cm，长分别为110cm、110cm、120cm
橡皮筋（肩带）宽0.7cm，长分别为100cm、110cm、120cm
橡皮筋（胸口）宽1cm、长60cm
圆绳 粗0.4cm，长分别为110cm、110cm、120cm
绳带固定扣 2颗
♪衣身、绳带没有实物大纸样。直接在布料上画好后裁剪。
♪根据个人穿衣习惯调整橡皮筋的长度。

作品3表布的裁剪方法

○内的数字为缝份的尺寸

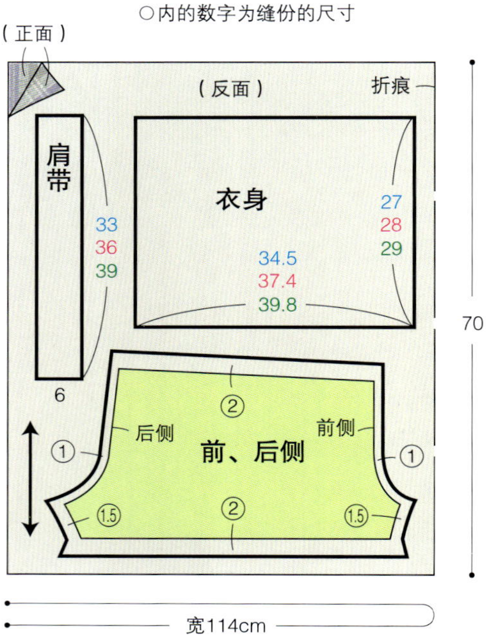

实物大纸样的调整方法

平行裁剪作品3的裤腿线，缩短长度。作品4的上裆线和裤腿线沿直线交叉延长至指定尺寸的位置。然后与此位置成直角向下画线，如此重新画出裤腿线。下裆线处重新画出弧线。腰线处剪去5cm，缩短上裆线。

尺寸标记

上行＝100cm（身高95~105cm）
中行＝110cm（身高105~115cm）
下行＝120cm（身高115~125cm）
只有一个数字时为通用部分

的各部分使用实物大纸样A面（第10页5）的纸样

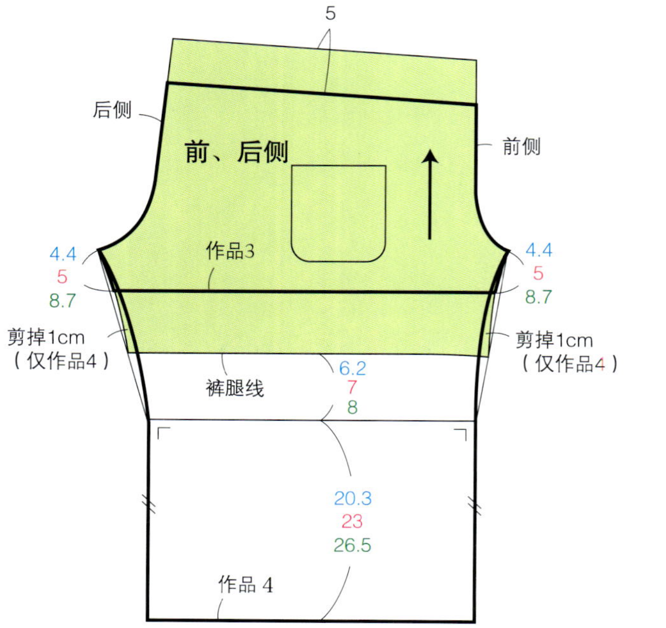

作品4表布的裁剪方法

○内的数字为缝份的尺寸

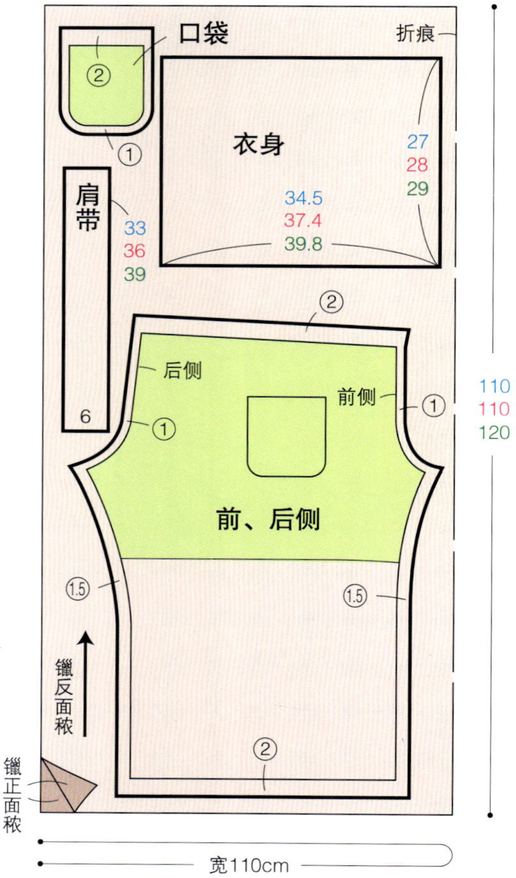

1 制作口袋，缝好。（仅作品4，参照第12页）

2 缝出衣身的侧边线。

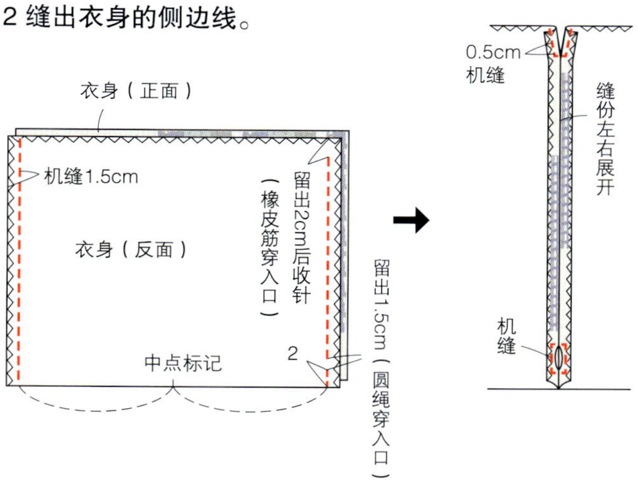

3 制作肩带，缝好。

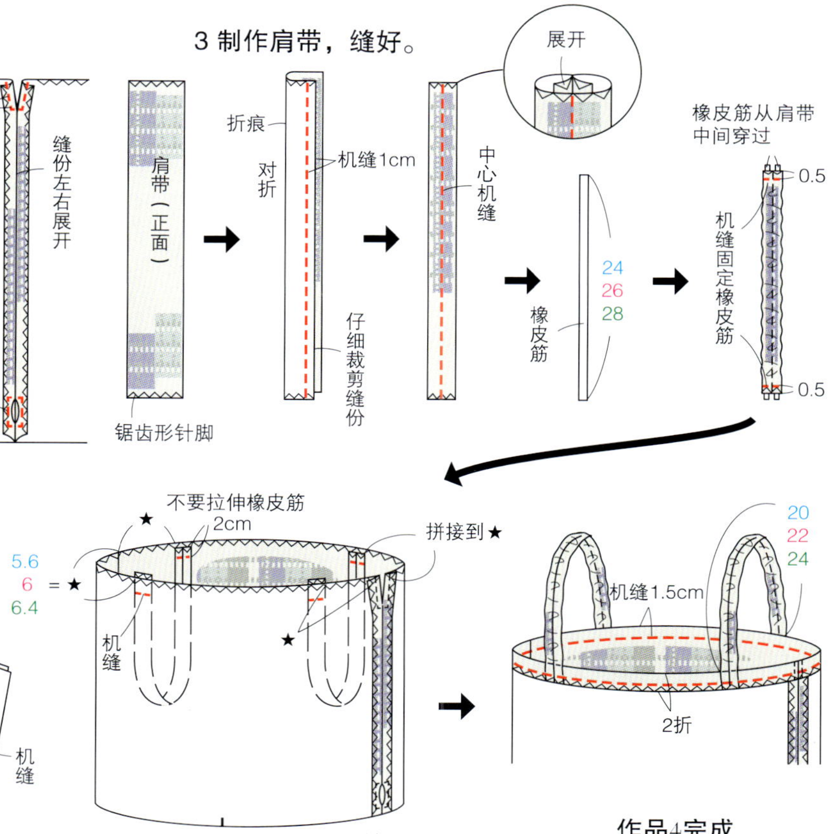

4 缝出下裆线。

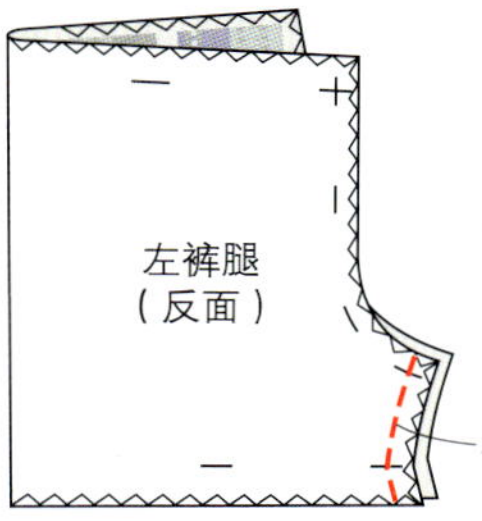

※右裤腿也按同样的方法缝

5 缝出上裆线。

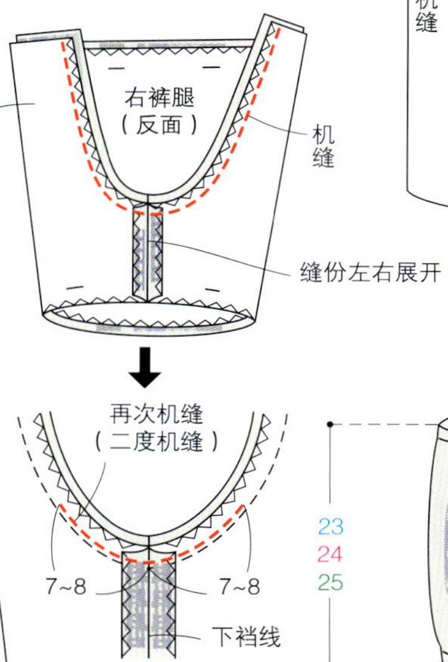

6 缝出裤腿线。

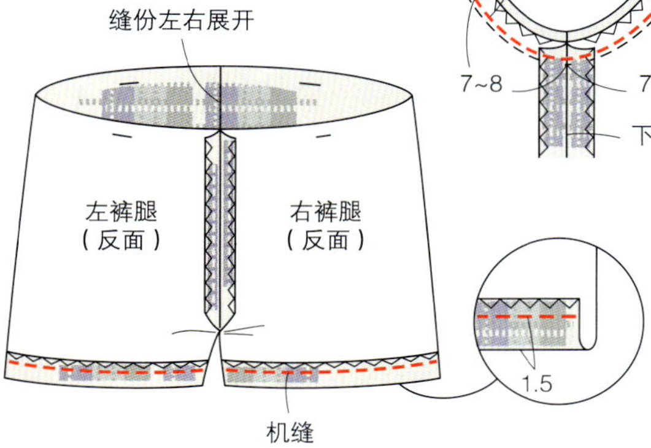

7 缝腰部。

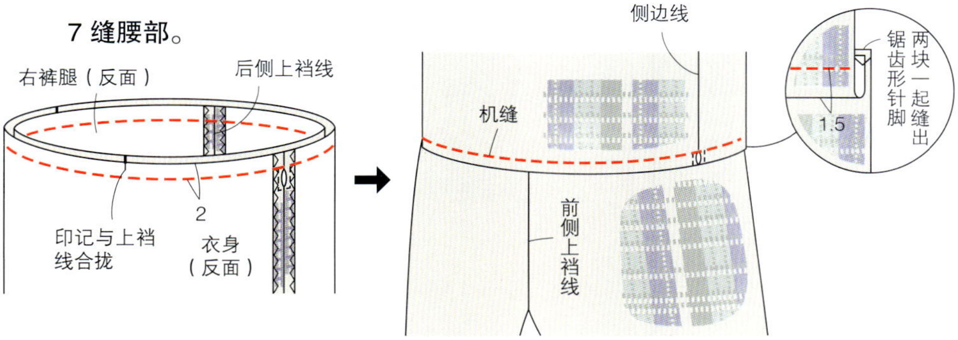

作品3完成

8 胸口处穿入52 56 60cm的橡皮筋。

9 腰间穿入106 110 114cm的圆绳。

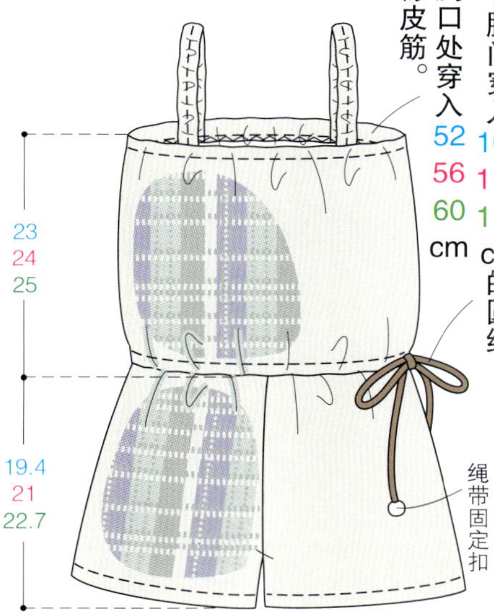

作品4完成

（制作方法与作品3相同）

款式简单的裤子

5

SEE PAGE
12

五分裤尺寸 适合身高115~125cm
模特身高 124cm

穿着方便、便于搭配的五分裤。侧面无接缝的款式对初学者来说也能轻松完成，裤子上还带有实用的外侧口袋。

6
SEE PAGE
67

SEE PAGE 67

拼布裤子尺寸 适合身高105~115cm
模特身高 110cm

裤腿处加入长方形拼布的原创长裤，透露出手工制作特有的时尚设计感。

作品5的材料

表布（法兰绒先染色/起毛印花料）宽110cm，长分别为50cm、50cm、60cm
橡皮筋（腰部）宽1cm，长分别为 50cm、50cm、60cm
♪根据个人穿衣习惯调整橡皮筋的长度。

尺寸标记
上行＝100cm（身高95~105cm）
中行＝110cm（身高105~115cm）
下行＝120cm（身高115~125cm）
只有一个数字时为通用部分

各部分使用实物大纸样A面（第10页作品 5）的纸样

表布的裁剪方法

○内的数字为缝份尺寸

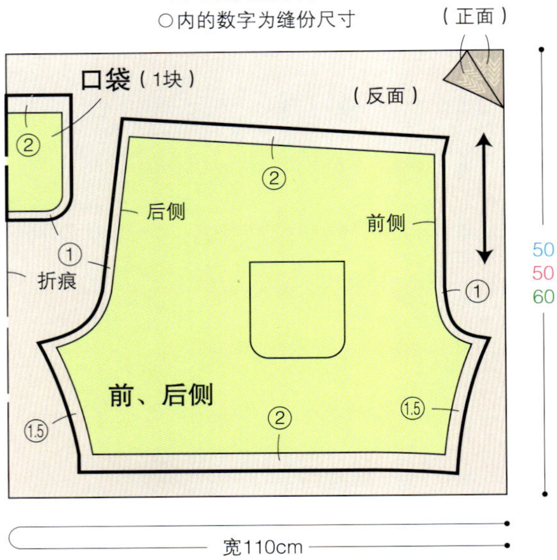

1 制作口袋，缝好。

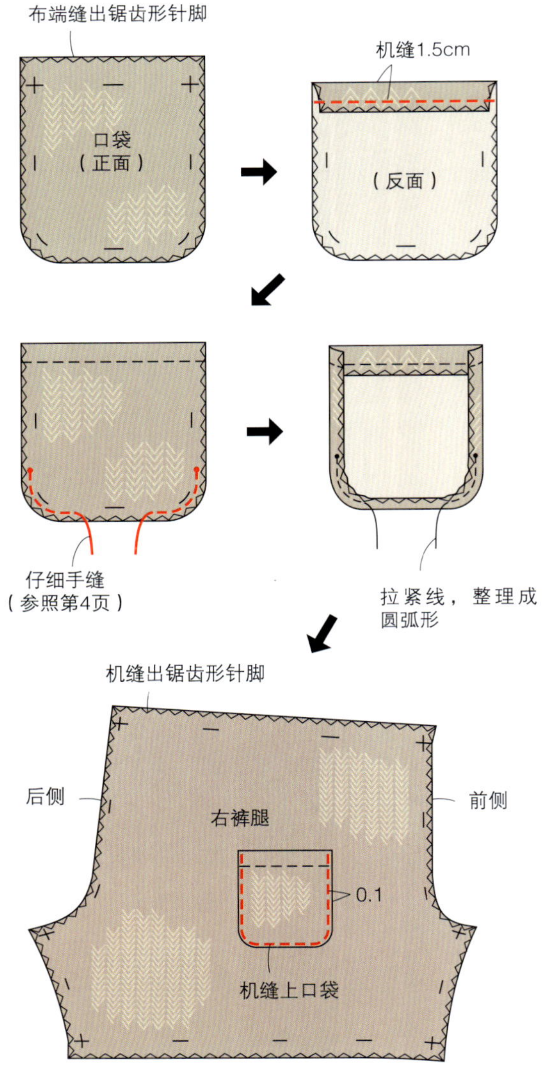

2 缝出下裆线。

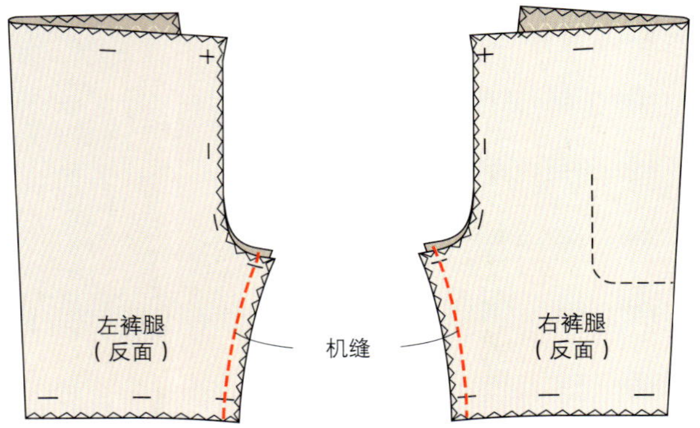

机缝的方法

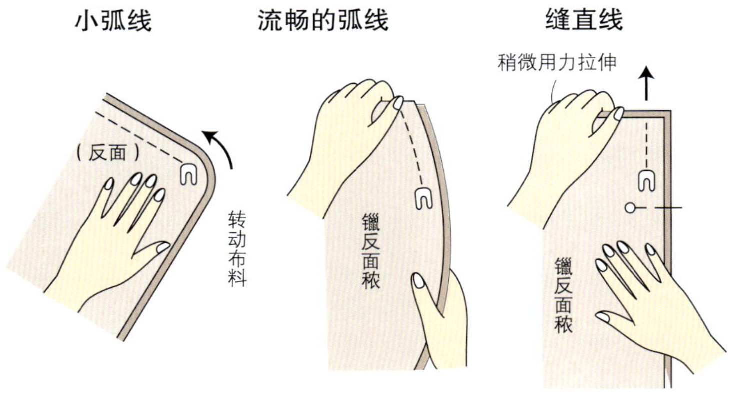

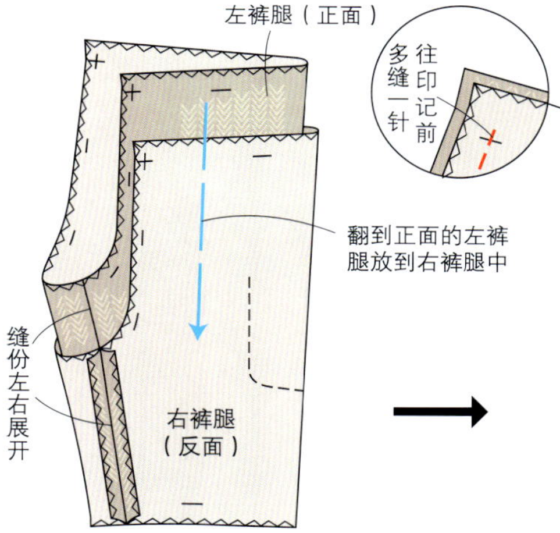

3 缝出上裆线。

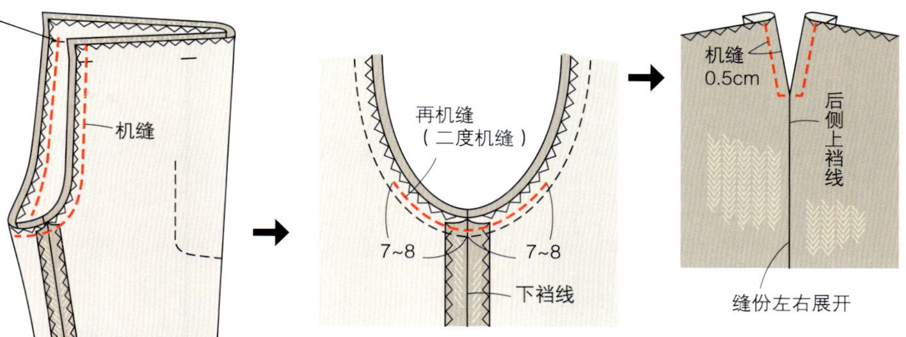

4 缝出裤腿线。

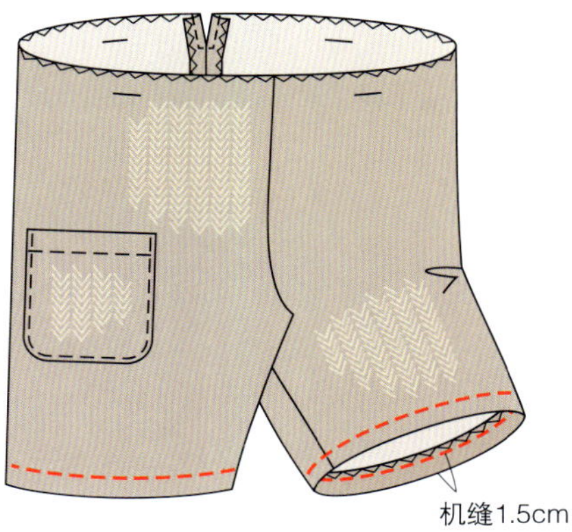

5 缝腰部。

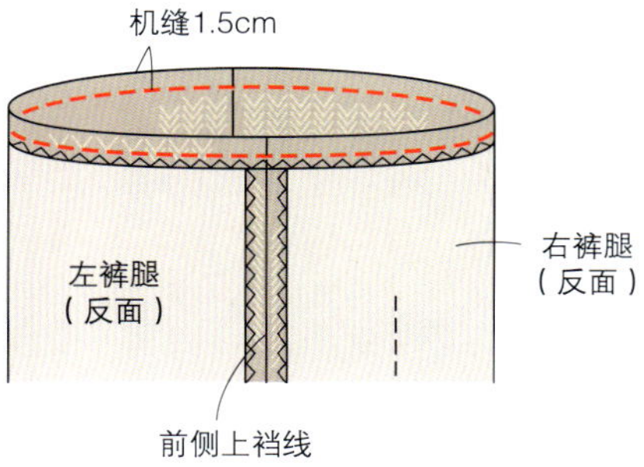

6 橡皮筋从腰间穿过。

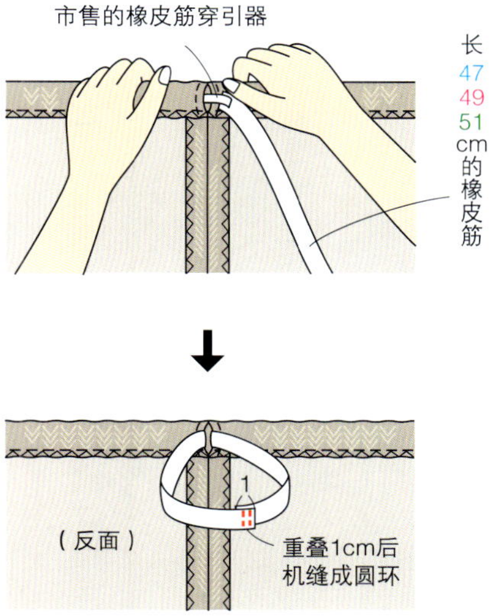

穿橡皮筋时的便利工具

柔软的橡皮筋没有紧绷感最好

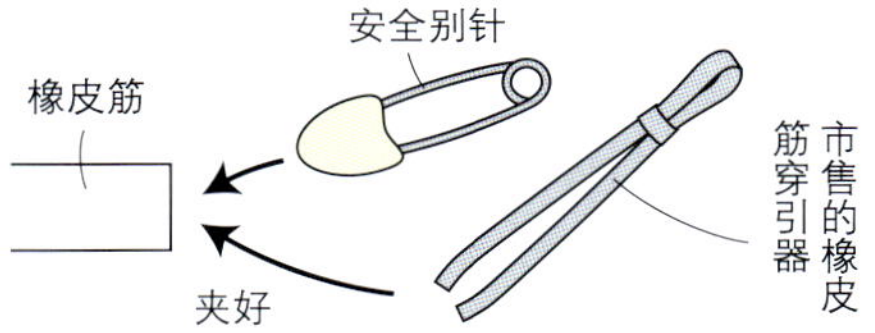

布料、线、针的关系

缝纫针：分家用、工业用两种。家用缝纫针可安装到缝纫机上。侧面扁平，数字越大针越粗。

缝纫线：除了伸缩布料外，缝制其他布料时，涤纶线是主流。数字越大线越细。

布料		缝纫针	缝纫线	手缝针	手缝线
薄	纱布、乔其纱	7号	80~90号	8、9号	80~90号
↑	平纹布、床单布	9号	50~60号	7、8号	50~60号
	天鹅绒、法兰绒	11号			
↓	帆布、绗缝布	11、14号	30~60号	6、7号	20~30号
厚	丹宁布	16号			
伸缩布料	薄布料	针织用9号	针织用 50~60号	针织用 手缝针	针织用 50~60号
	厚布料	针织用11、14号			

完成

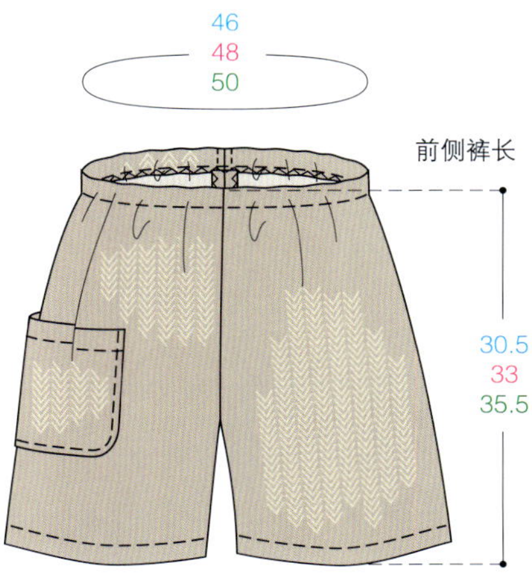

荷叶边短裤

7
SEE PAGE
15

短裤尺寸 适合身高105~115cm
模特身高 108cm

四季常备的短裤。荷叶边更增添了几分可爱，颇受欢迎。

第14页作品 7

作品7的材料

表布（棉布）宽110cm、长60cm
橡皮筋（腰部）宽1cm，长分别为 50cm、50cm、60cm
♪口袋、荷叶边没有实物大纸样。直接在布料上画好后裁剪。
♪根据个人穿衣习惯调整橡皮筋的长度。

尺寸标记

上行＝100cm（身高95~105cm）
中行＝110cm（身高105~115cm）
下行＝120cm（身高115~125cm）
只有一个数字时为通用部分

实物大纸样的调整方法

裁剪裤脡线，缩短裤腿长度后再重新画线。拼布口袋缝到后侧。

各部分使用实物大纸样A面（第10页作品 5）的纸样

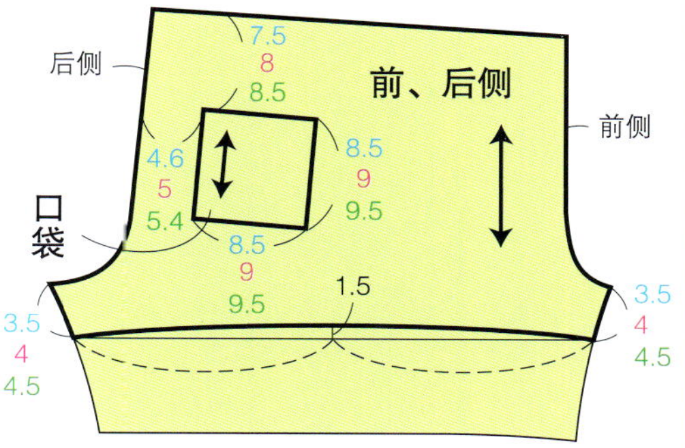

表布的裁剪方法 ○内的数字为缝份尺寸

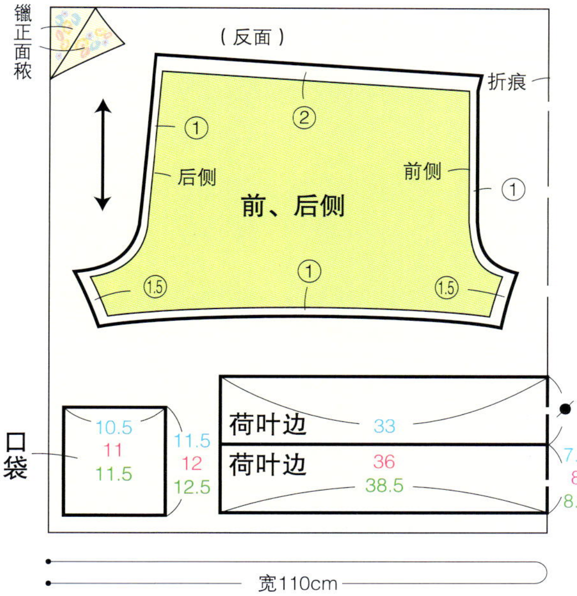

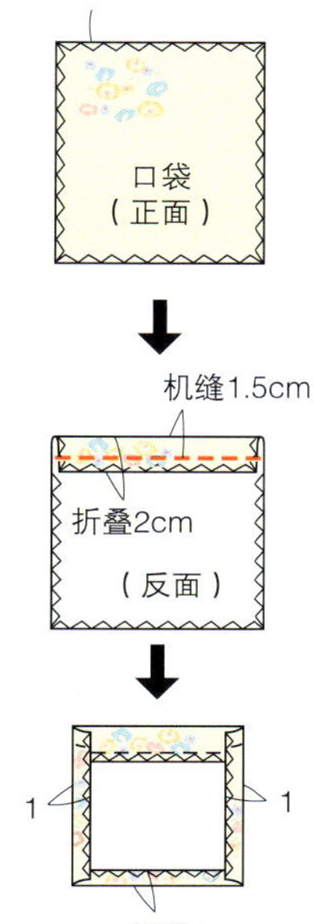

1 制作口袋，缝好。

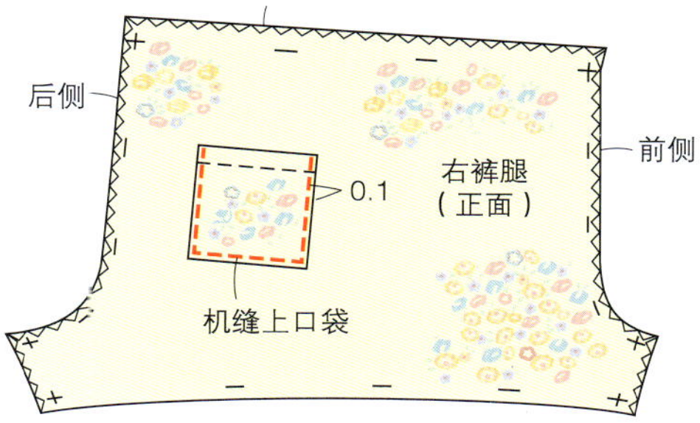

※左裤腿也按同样的方法缝好。

2 缝出下裆线。

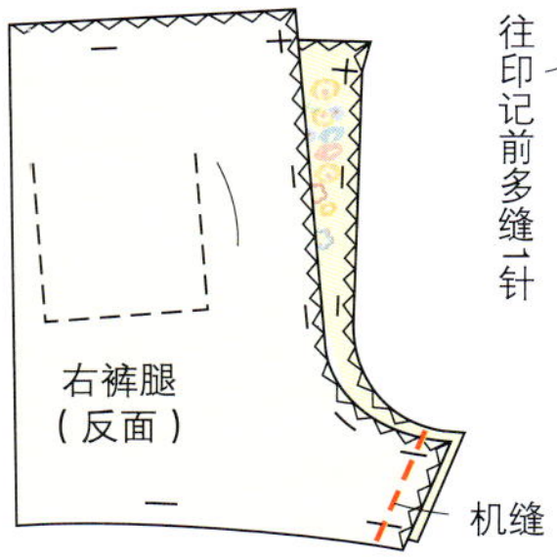

3 缝出上裆线。

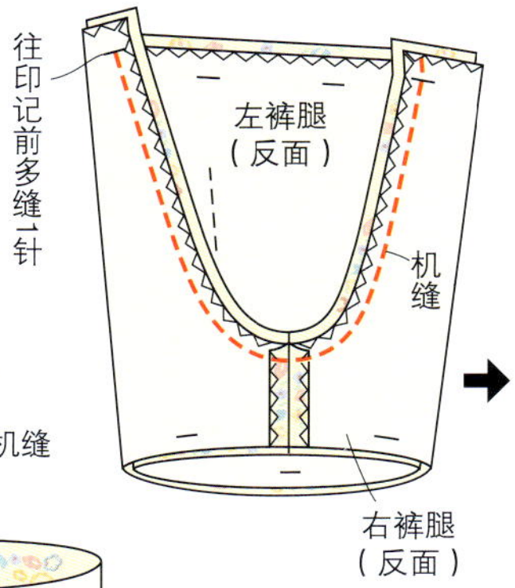

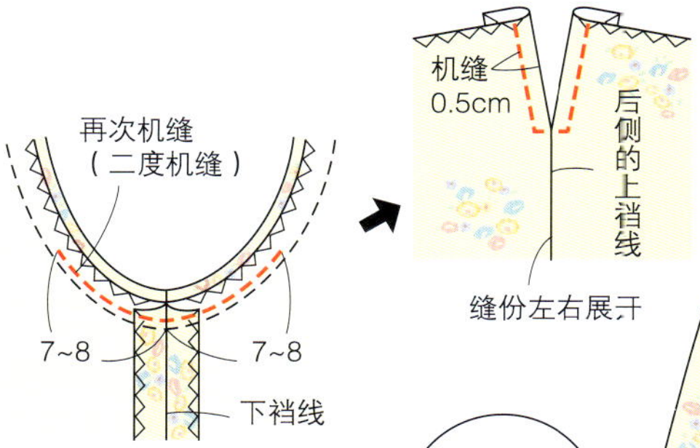

完成

6 橡皮筋从腰间穿过。（参照第13页）

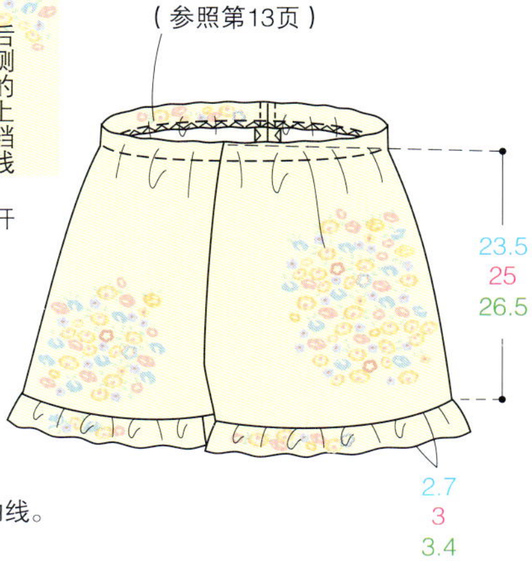

4 制作荷叶边，缝好。

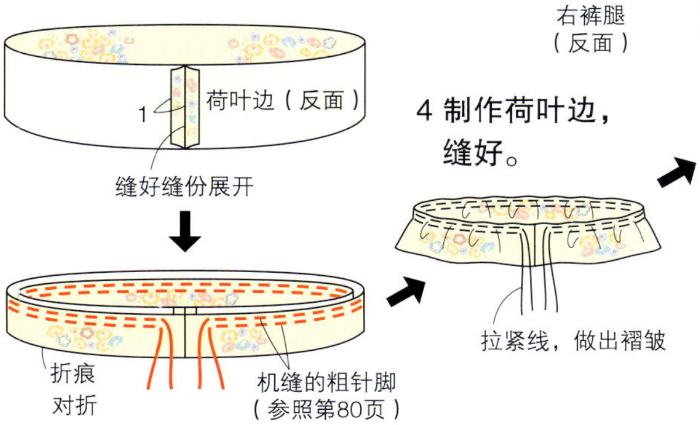

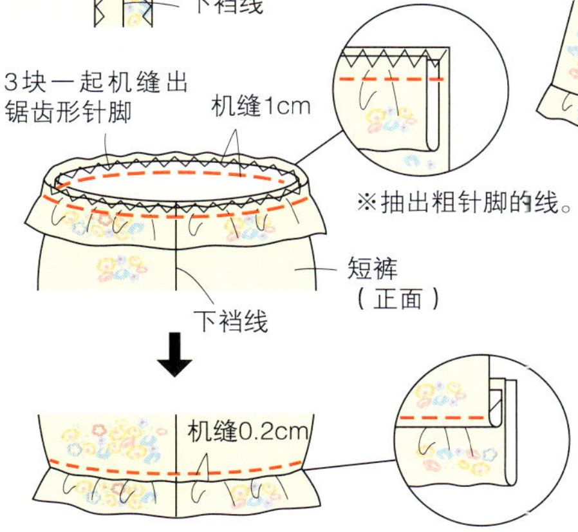

5 缝腰部。

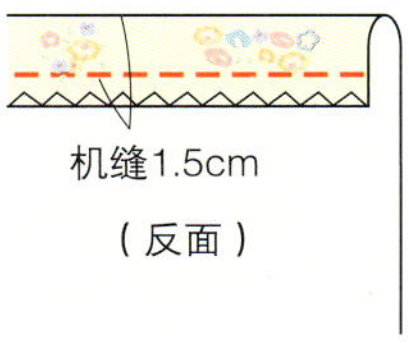

可爱的南瓜裤子

8
SEE PAGE
17

短裤尺寸 适合身高95~105cm
模特身高 101cm

腰间和裤腿穿入橡皮筋，制作出蓬松感，外形如南瓜一般可爱！侧面没有接缝针脚，只在中央有拼接痕迹，短时间内即可完成。

作品8的材料

表布（天鹅绒印花布） 宽108cm，长分别为 50cm、50cm、60cm
橡皮筋（腰间）宽1cm，长分别为50cm、50cm、60cm
橡皮筋（裤腿）宽0.7cm，长分别为 70cm、70cm、80cm
♪表布是起毛布料，要沿一个方向裁剪。
♪口袋没有实物大纸样。直接在布料上画好后裁剪。
♪根据个人穿衣习惯调整橡皮筋的长度。

尺寸标记

上行＝100cm（身高95~105cm）
中行＝110cm（身高105~115cm）
下行＝120cm（身高115~125cm）
只有一个数字时为通用部分

表布的裁剪方法

○内的数字为缝份尺寸

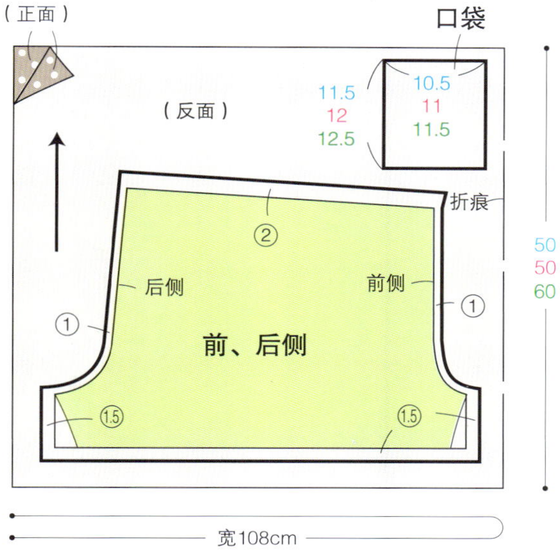

实物大纸样的调整方法

沿上裆线垂直向下，缩短长度。拼布口袋缝到后侧。

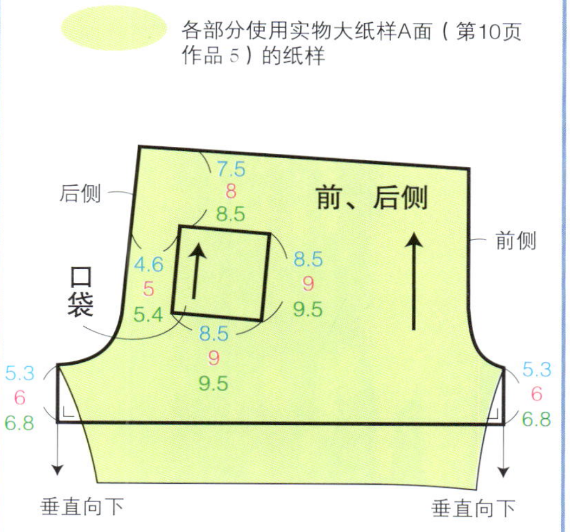

1 制作口袋，缝好。

（参照第15页）

2 缝出下裆线。

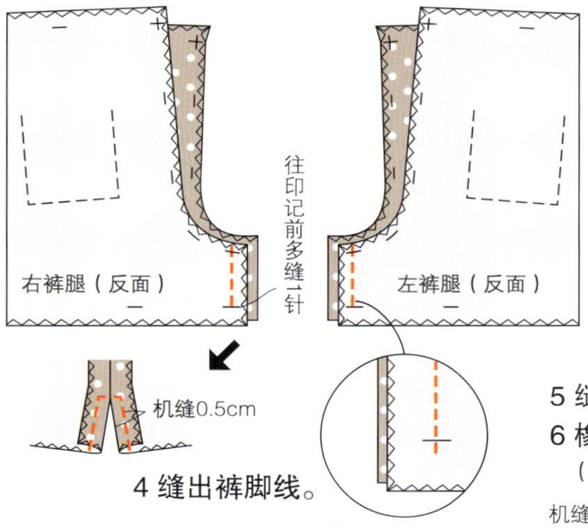

3 缝出上裆线。

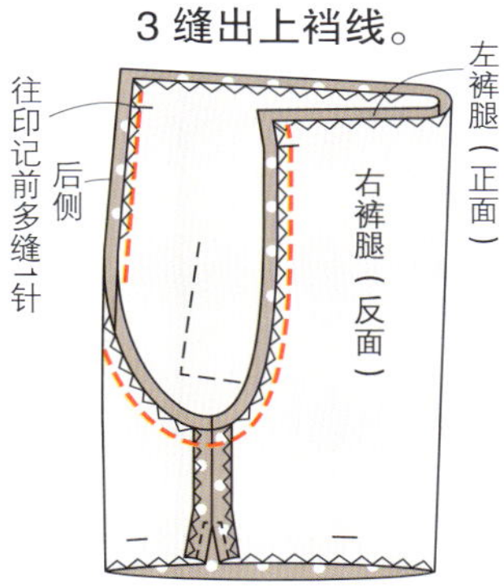

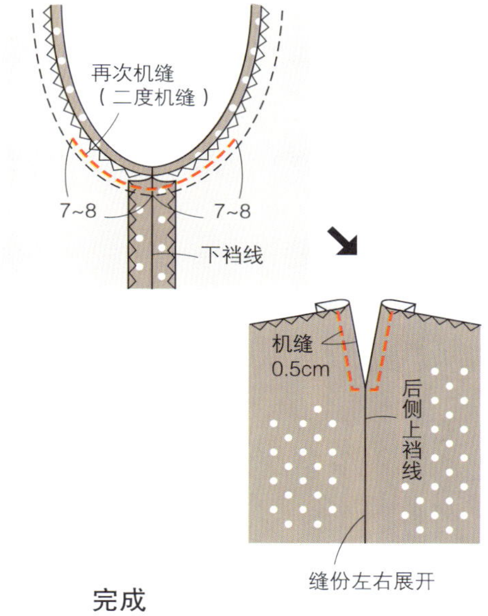

4 缝出裤脚线。

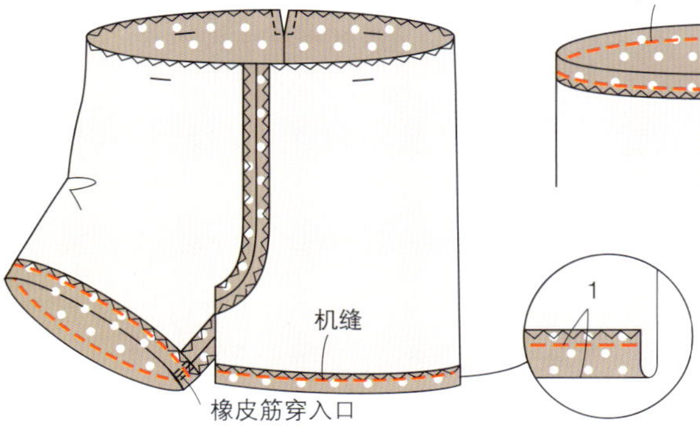

5 缝腰部。

6 橡皮筋从腰间、裤腿处穿过。

（参照第13页）

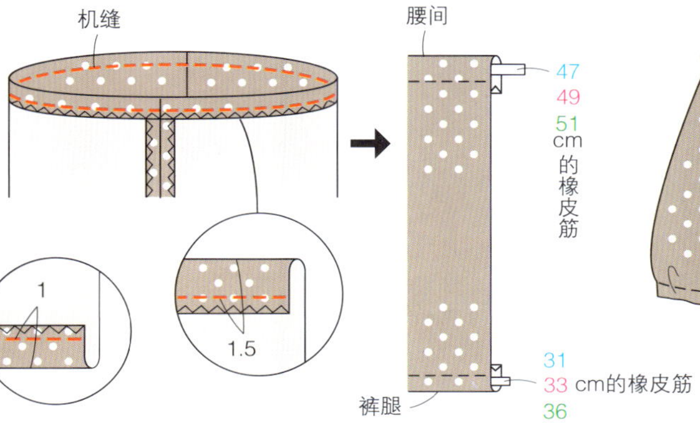

完成

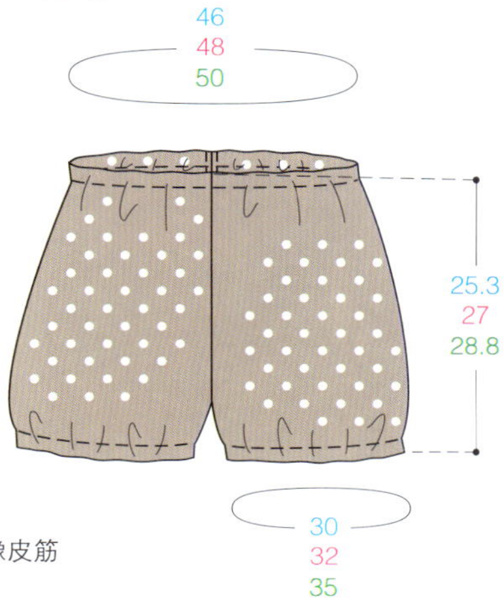

人气方领上衣

9

SEE PAGE
68

上衣尺寸 适合身高105~115cm
模特身高 110cm

超流行的大格子，设计简单的叠穿上衣。中央加入褶皱修饰，大方百搭。

10

SEE PAGE
70

束腰长上衣尺寸 适合身高115~125cm
模特身高 124cm

直筒型长款上衣，腰间穿
入绳带。适合四季穿着，
漂亮秀气！

最爱的罩衫

11
SEE PAGE
22

罩衫连衣裙尺寸 适合身高105~115cm
模特身高 110cm

用起毛印花布制成的自然风连衣裙，插肩袖的设计方便穿着。领口和袖口加入橡皮筋后衬出罩衫风格。

简单可爱，与作品11外形相同的罩衫。这款也是用起毛布料制作而成。

12
SEE PAGE
22

罩衫尺寸 适合身高90~105cm
模特身高 101cm

第20页作品 11

第21页作品 12

作品11、12的材料（1件的用量）

作品11表布（双层纱/起毛印花布）宽112cm，长分别为130cm、140cm、150cm

作品12 表布（20双层纱/起毛印花布）宽110cm，长分别为100cm、110cm、120cm

橡皮筋（领口、袖口）宽0.7cm，长分别为90cm、90cm、100cm

♪斜裁布条没有实物大纸样。直接在布料上画好后裁剪。

♪根据个人穿衣习惯调整橡皮筋的长度。

各部分使用实物大纸样A面（第21页作品 12）的纸样

尺寸标记

上行＝100cm（身高95~105cm）

中行＝110cm（身高105~115cm）

下行＝120cm（身高115~125cm）

只有一个数字时为通用部分

作品12 表布的裁剪方法 ○内的数字为缝份尺寸

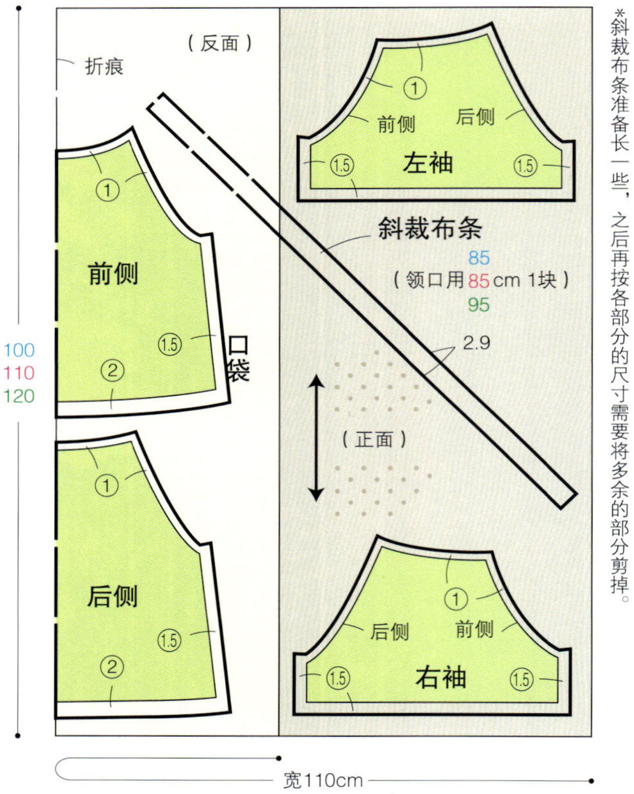

作品11 表布的裁剪方法 ○内的数字为缝份尺寸

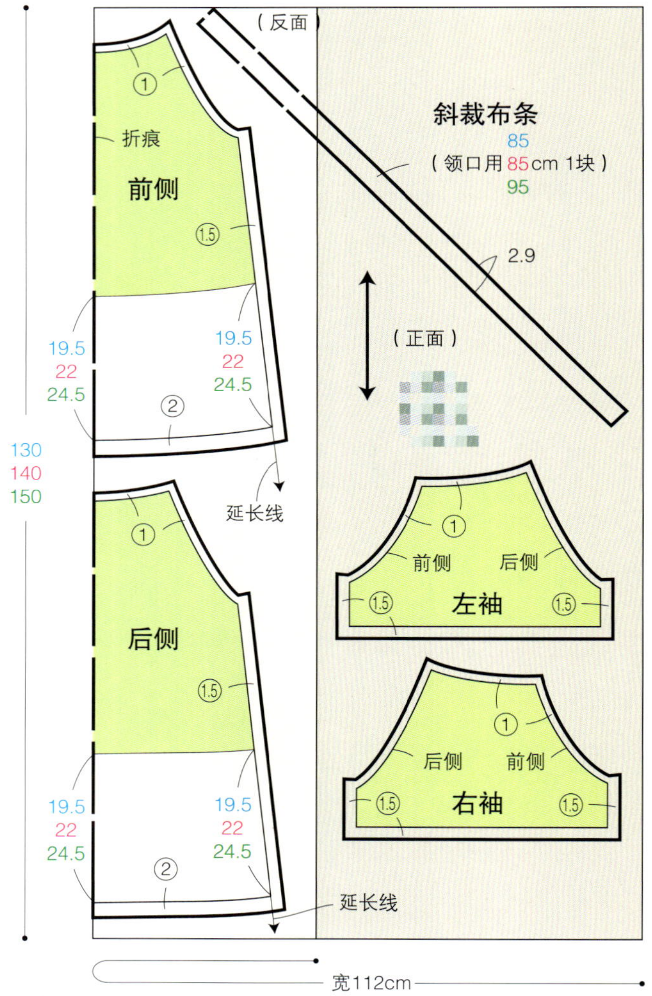

斜裁布条的制作方法

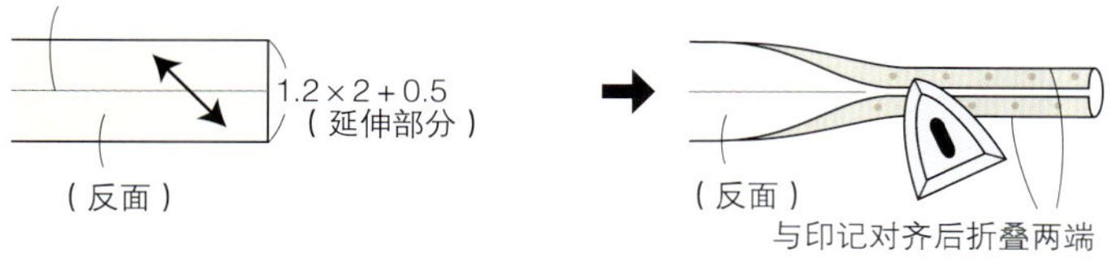

11 实物大纸样的调整方法

沿纸样作品12的下摆处延长，加长后画出下摆线。

1 缝出侧边线。

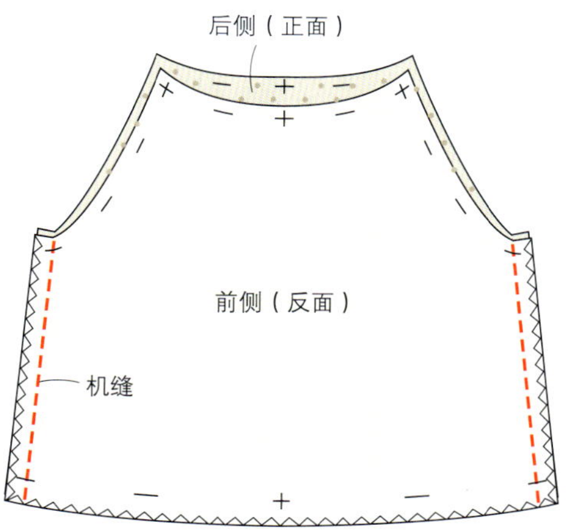

2 制作袖子。

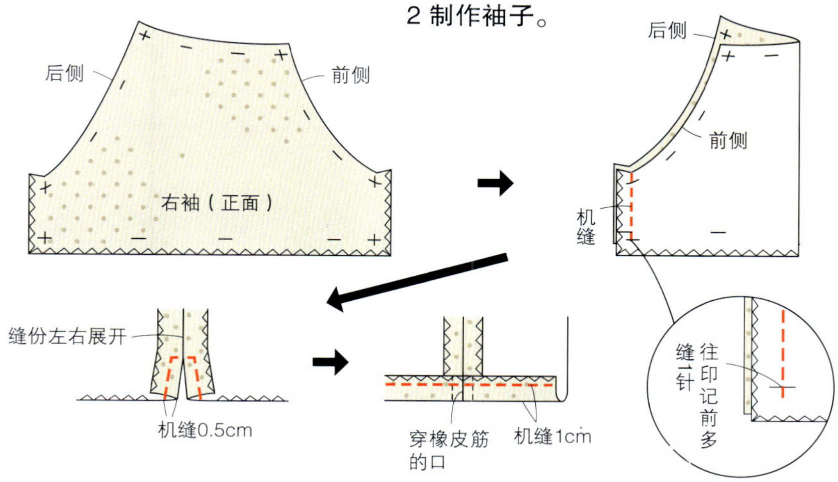

3 拼接袖子。

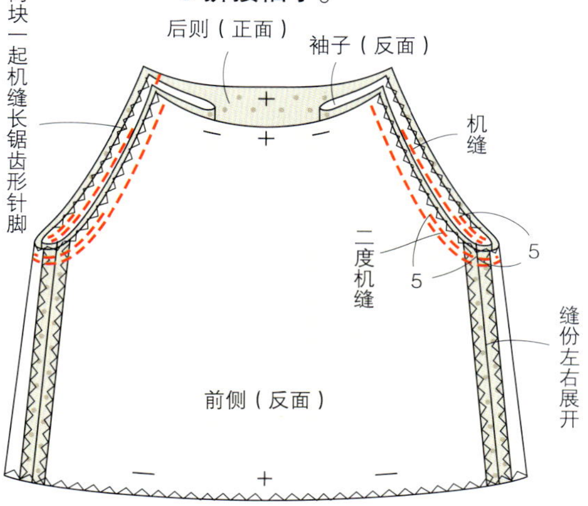

作品12完成

6 橡皮筋穿过领口、袖口。（参照第13页）

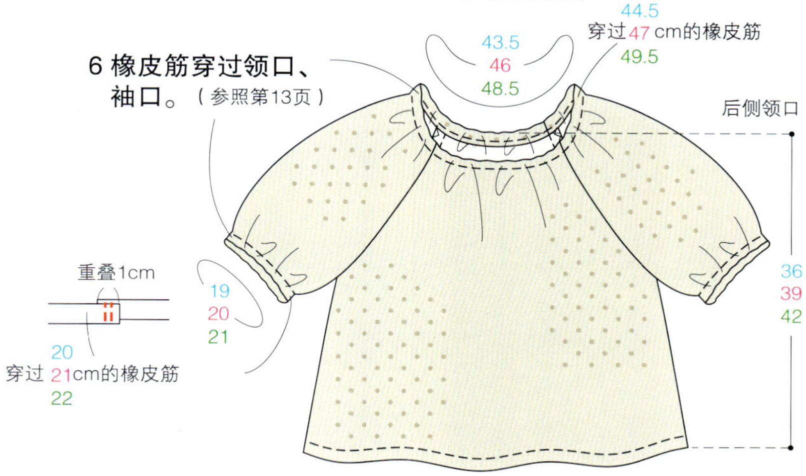

4 用斜裁布条处理领口。

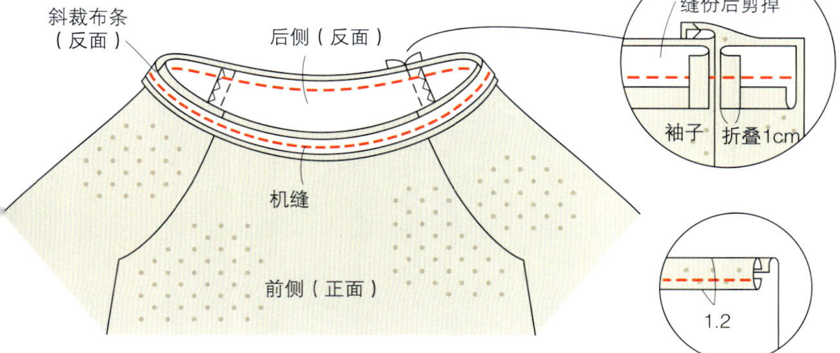

5 缝出下摆线。

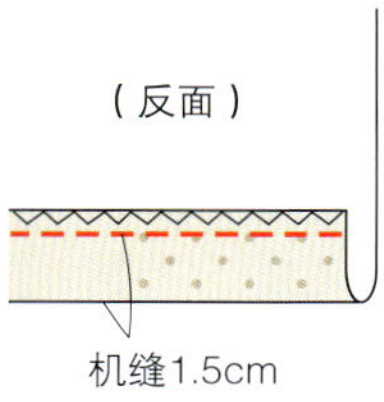

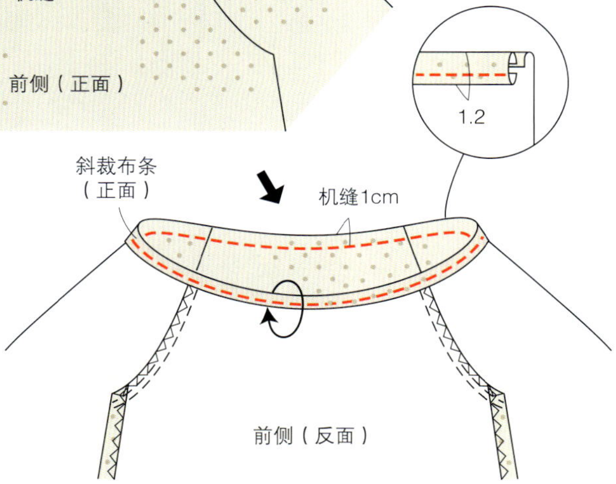

作品 11 完成（制作方法与作品 12 相同）

北欧风格套装

13
SEE PAGE
26

上衣尺寸 适合身高105~115cm
模特身高 110cm

异域风情十足的喇叭边式上衣与花边九分裤的组合，犹如可爱的森林精灵！

14
SEE PAGE
71

花边裤尺寸 适合身高105~115cm

13（第24页）的上衣

14（第24页）的花边裤

花边裤在第38页也有刊登。

第24页作品 13

作品13的材料

表布（法兰绒印花布） 宽108cm，长分别为160cm、180cm、170cm
直径1.5cm的纽扣 1颗
圆绳（纽扣圈）粗0.4cm、长10cm
♪斜裁布条没有实物大纸样。直接画在布料上后裁剪。
♪注意往同一方向裁剪布料。

表布的裁剪方法

○内的数字为缝份尺寸

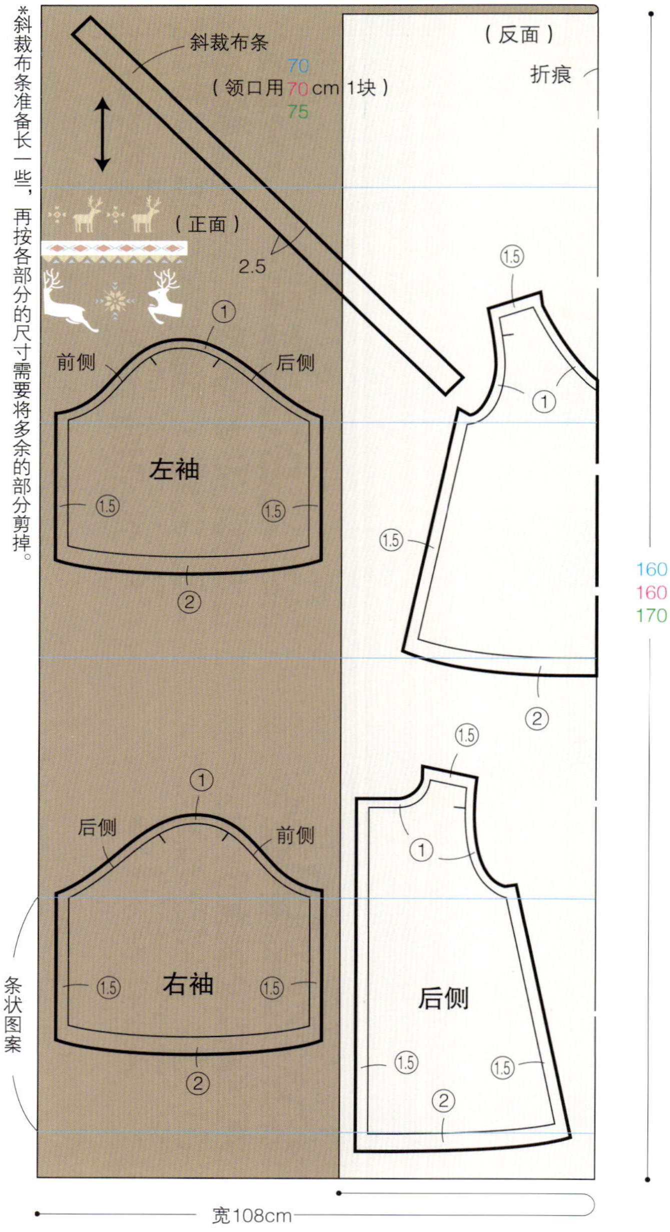

实物大纸样的调整方法

制作衣身时，沿前侧中心线平行裁剪6cm，延长下摆线，加长长度。从中心线开始，沿直角方向展开下摆线，重新画出侧边线。前领口呈V形，后领口的边角修剪成圆形。制作袖子时，垂直向下加长，袖底线剪掉1.5cm。

各部分使用实物大纸样B面（第18页作品 9）的纸样

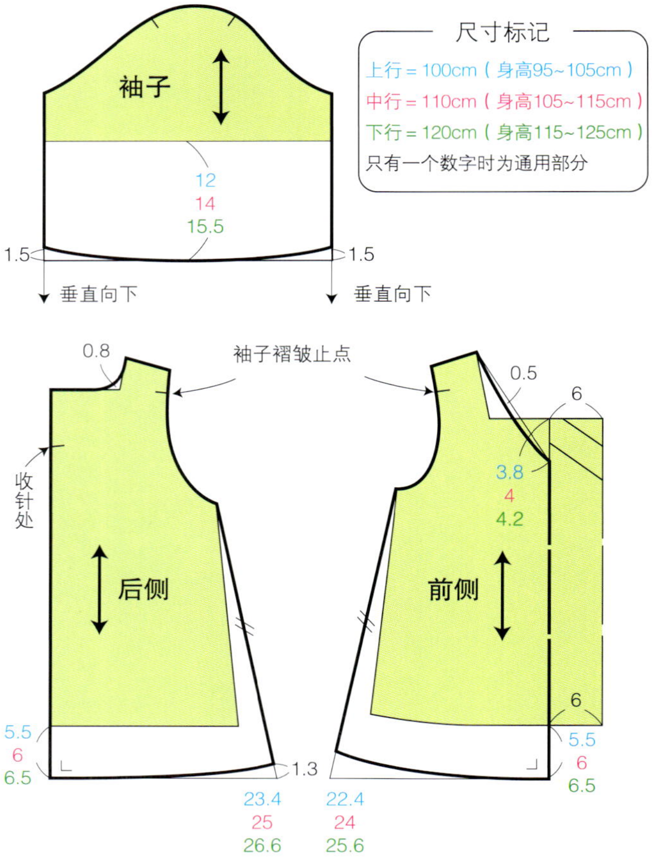

1 缝出后侧的中心线、开口处。

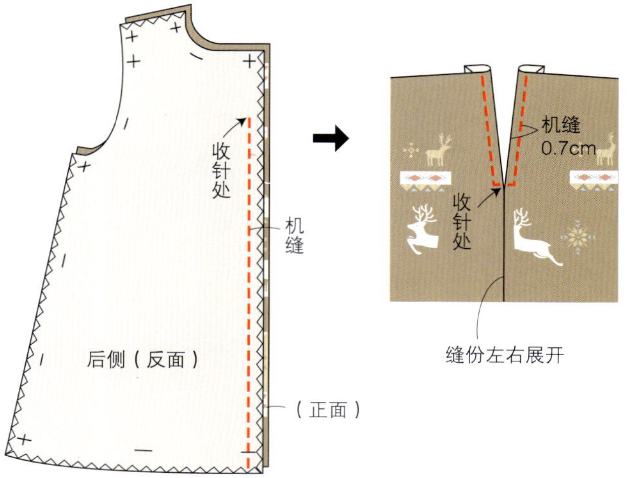

2 缝出肩线。

3 缝出侧边线。

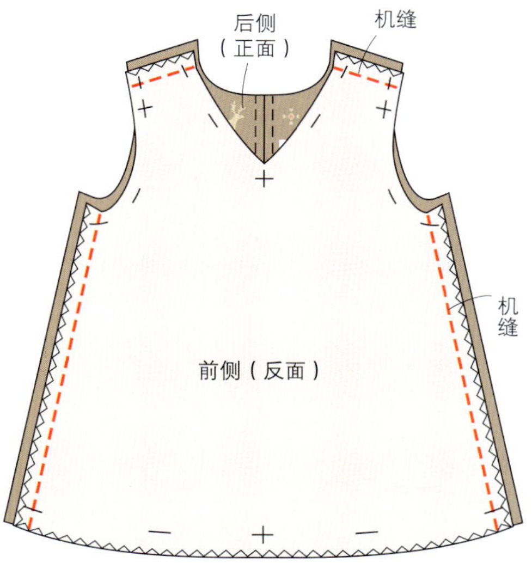

4 缝出下摆线。

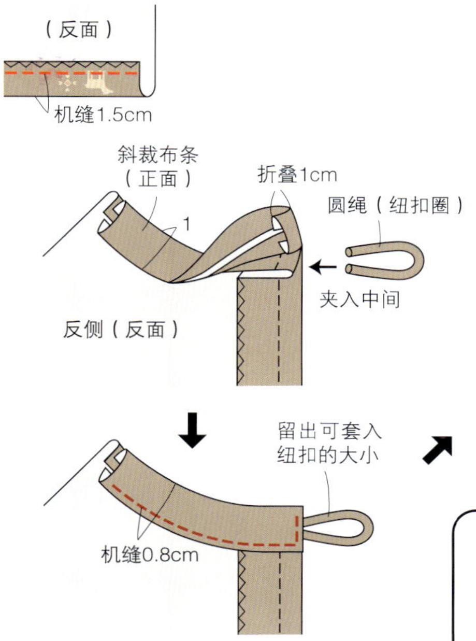

5 用斜裁布条处理领口。

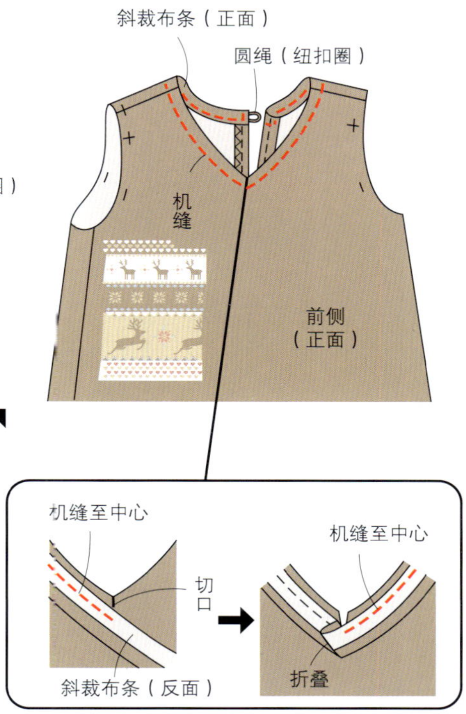

6 制作袖子，拼接缝好。

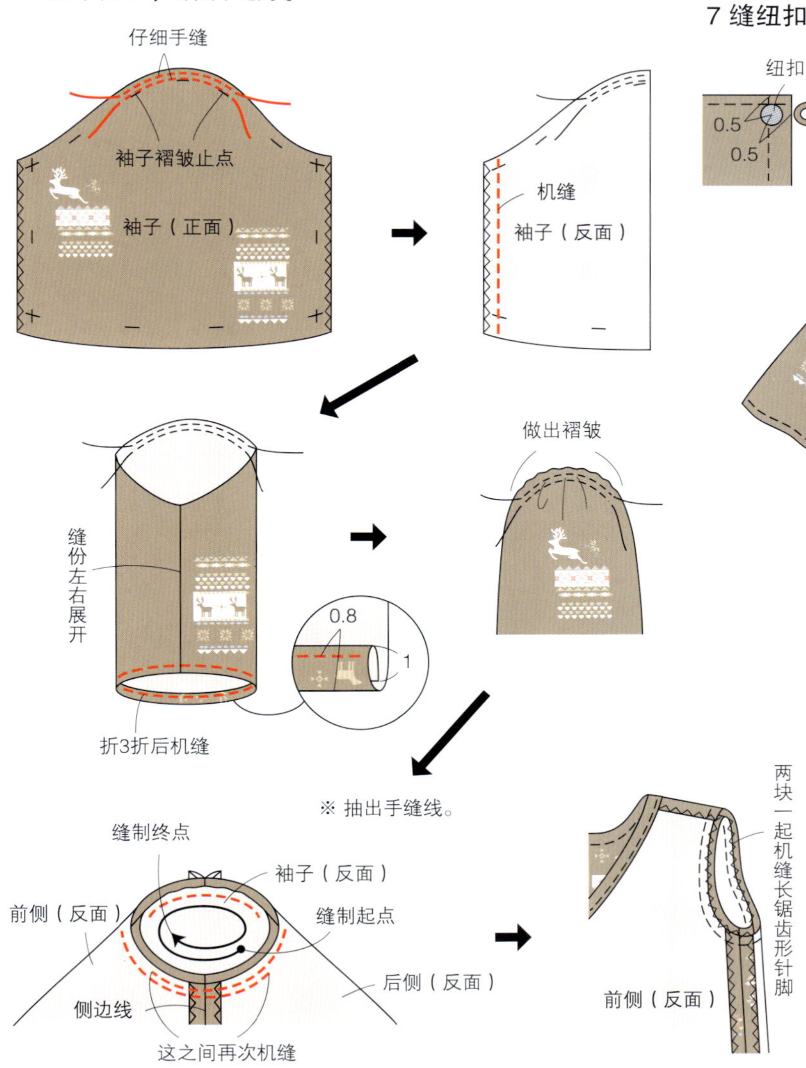

7 缝纽扣。

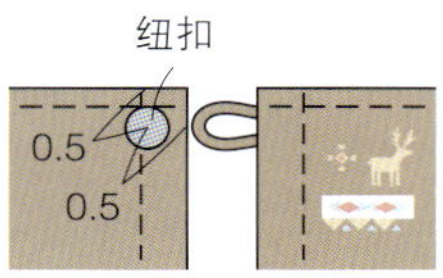

完成

缝纽扣的线

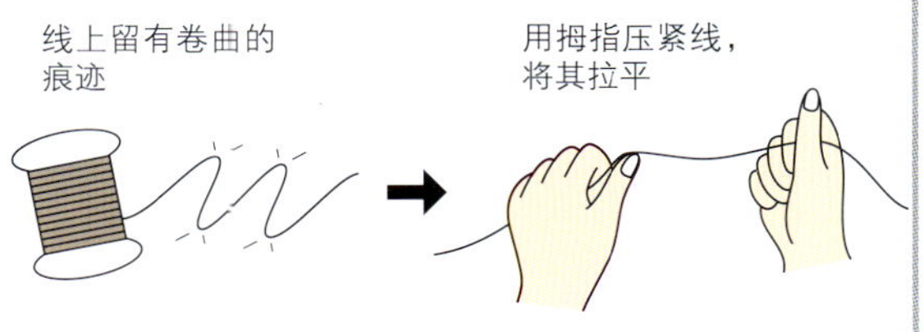

巧用色彩的吊带背心

15
SEE PAGE
72

吊带背心裙尺寸 适合身高115~125cm
模特身高 124cm

低腰处加入褶皱设计。多色漂染的布料无论用在哪儿都能保持色泽的独特与平衡。

16

SEE PAGE
73

吊带背心尺寸 适合身高105~115cm
模特身高 108cm

高腰裁剪的吊带背心。与作品15的吊带背心裙一样，采用的也是多色漂染布料，但色调更雅致。

可爱的吊带背心

17
SEE PAGE
32

吊带背心尺寸 适合身高105~115cm
模特身高 110cm

当下流行的钢琴键盘印花布，A字形的吊带背心。胸前加入的橡皮筋，也是必不可少的时尚元素。

18
SEE PAGE
33

吊带背心尺寸 适合身高95~105cm
模特身高 101cm

与作品17的外形相同，只是稍微短了一些。肩膀上用同样的布料打出蝴蝶结，精致可爱。

第30页作品 17

各部分使用实物大纸样A面（第2页作品二）的纸样

表布的裁剪方法 ○内的数字为缝份尺寸

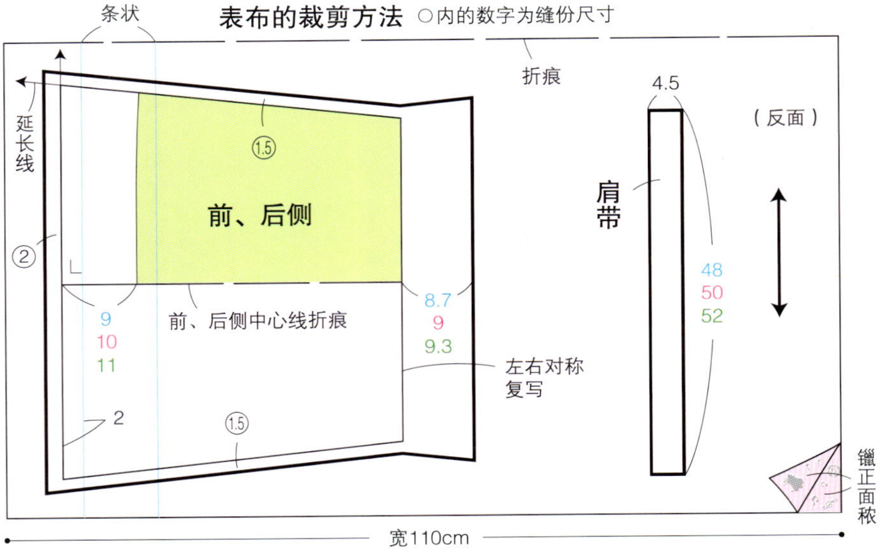

作品17的材料

表布（印花床单布） 宽110cm，长分别为130cm、130cm、140cm

橡皮筋（胸部） 宽0.5cm，长分别为110cm、120cm、120cm

♪肩带没有实物大纸样。直接在布料上画好后裁剪。

♪表布是条状图案，裁剪时注意方向。

♪根据个人穿衣习惯调整橡皮筋长度。

实物大纸样的调整方法

沿前、后侧中心线垂直向下，延长侧边线，再重新画出下摆线。

1 缝出侧边线（参照第33页）。

2 制作肩带。

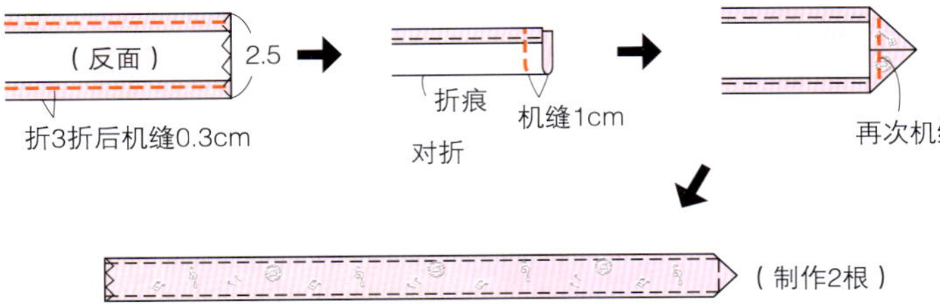

3 缝出下摆线。

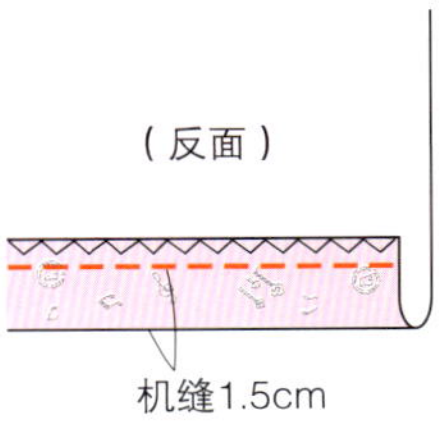

尺寸标记

上行＝100cm（身高95~105cm）

中行＝110cm（身高105~115cm）

下行＝120cm（身高115~125cm）

只有一个数字时为通用部分

4 缝出胸部。

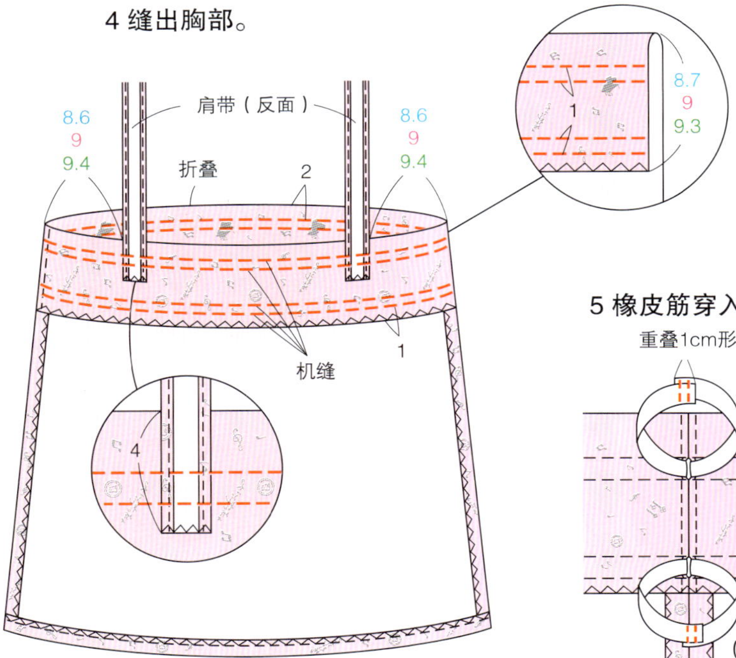

5 橡皮筋穿入胸部。

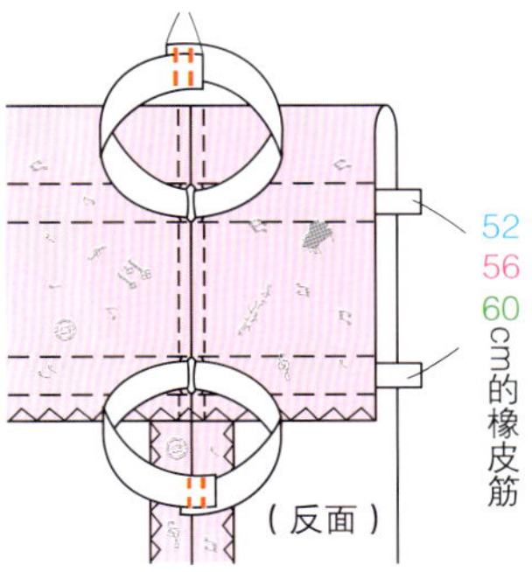

完成

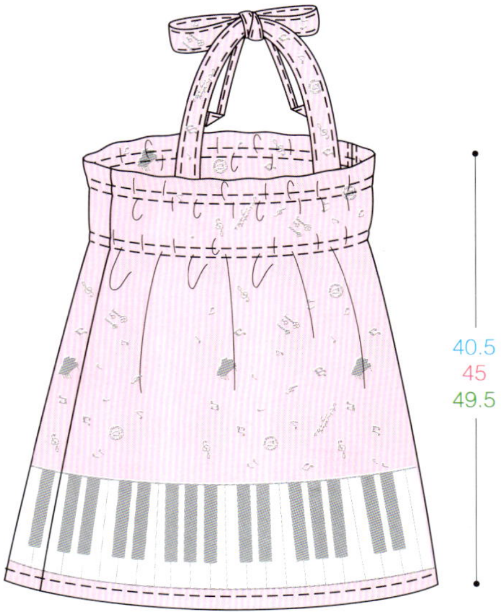

第31页作品 18

作品18的材料

表布（印花床单布）宽110cm，长分别为90cm、90cm、100cm
橡皮筋（胸部）宽0.5cm，长分别为110cm、120cm、120cm
♪肩带没有实物大纸样。直接画在布料上后裁剪。
♪根据个人穿衣习惯调整橡皮筋的长度。

实物大纸样的调整方法

与上端平行裁剪

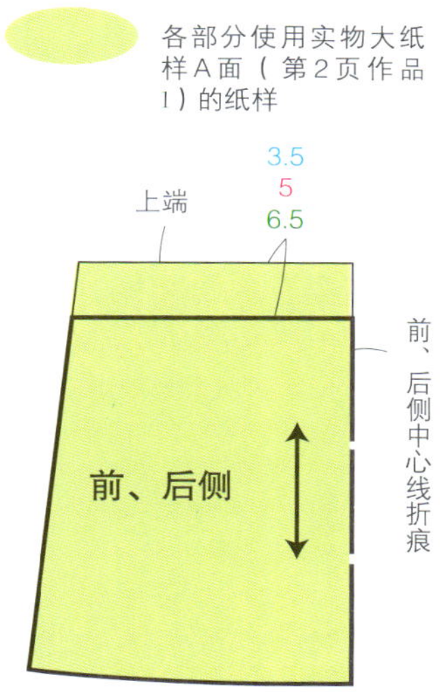

表布的裁剪方法

○内的数字为缝份尺寸

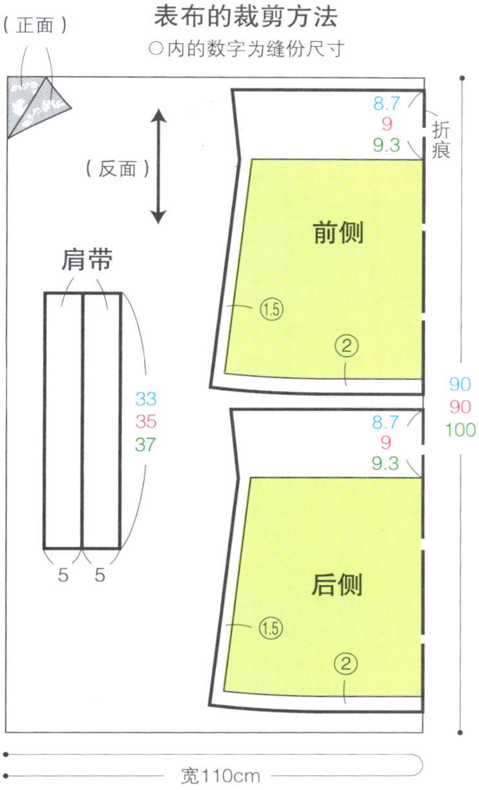

尺寸标记

上行＝100cm（身高95~105cm）
中行＝110cm（身高105~115cm）
下行＝120cm（身高115~125cm）
只有一个数字时为通用部分

1 缝出侧边线。

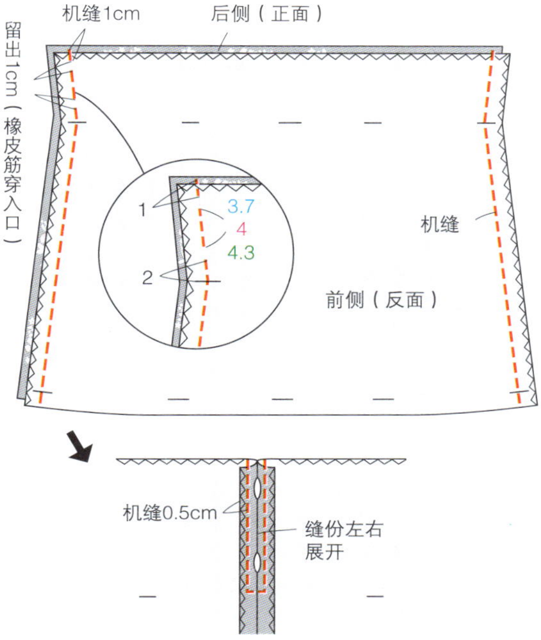

2 制作肩带。

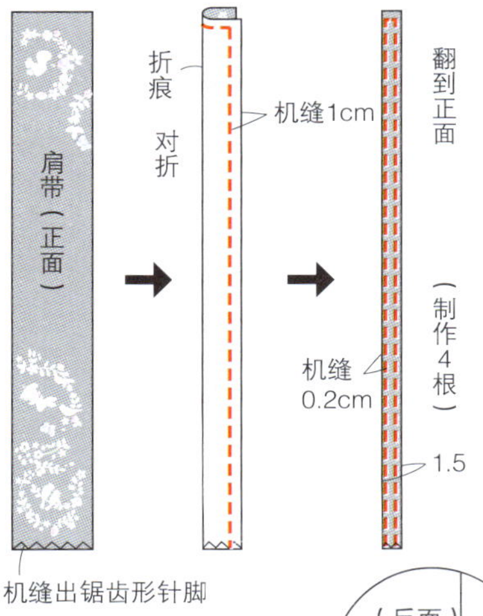

3 缝出下摆线。
4 缝胸部。

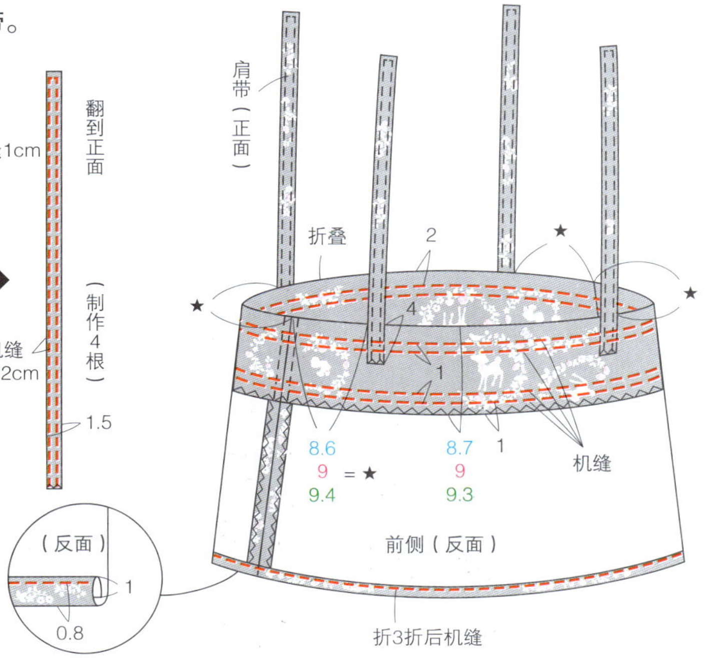

完成

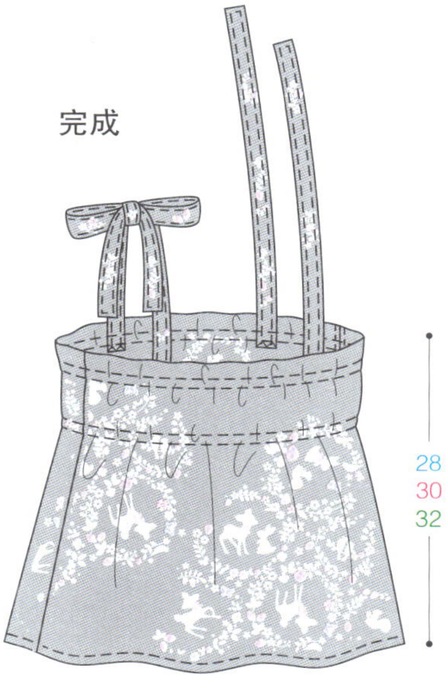

5 橡皮筋从胸部穿过。

（参照第32页）

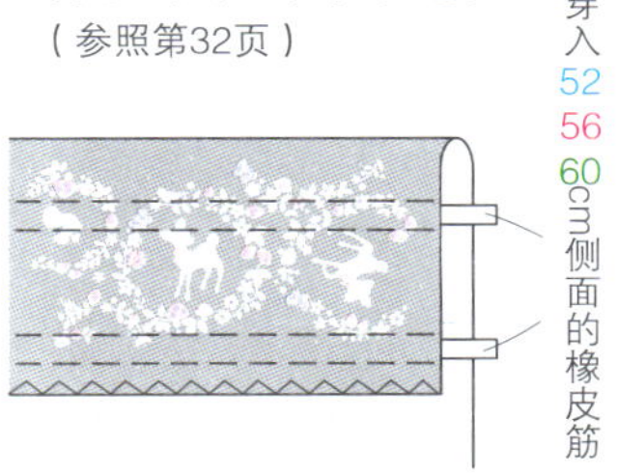

前开口的荷叶边吊带背心

19
SEE PAGE
35

吊带背心尺寸 适合身高105~115cm
模特身高 110cm

荷叶边的下摆是亮点。用一根绳子从吊带背心的上部中央穿过，留出吊带部分，再从后侧穿到正面打结。

作品19的材料

表布（天鹅绒印花布）宽108cm，长分别为80cm、90cm、90cm
绳带 粗0.4cm，长分别为130cm、140cm、150cm
绳带固定扣 2颗
* 斜裁布条、荷叶边没有实物大纸样。直接在布料上画好后裁剪。
♪表布为起毛布料，注意朝一个方向裁剪。

表布的裁剪方法

○内的数字为缝份尺寸

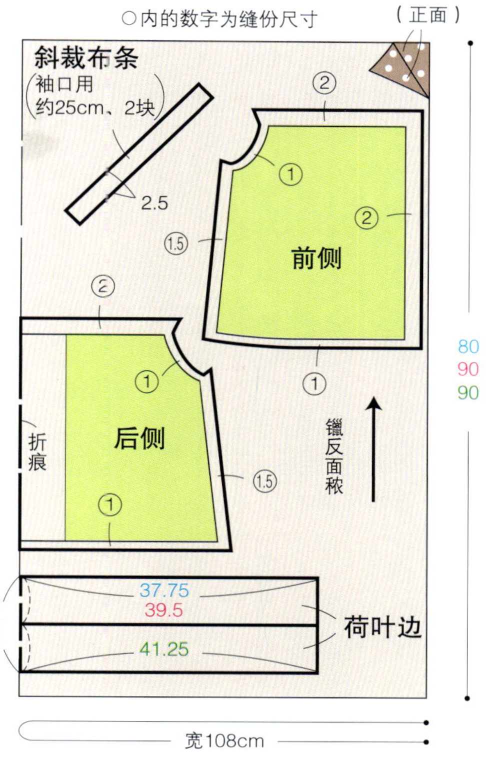

*斜裁布条准备长一些，之后再按各部分的尺寸需要将多余的部分剪掉。

尺寸标记

上行＝100cm（身高95~105cm）
中行＝110cm（身高105~115cm）
下行＝120cm（身高115~125cm）
只有一个数字时为通用部分

实物大纸样的调整方法

后侧中心线往外6cm，胸围线往上重新画出胸口线。平行裁剪下摆，缩短长度。

各部分使用实物大纸样B面（第18页作品9）的纸样

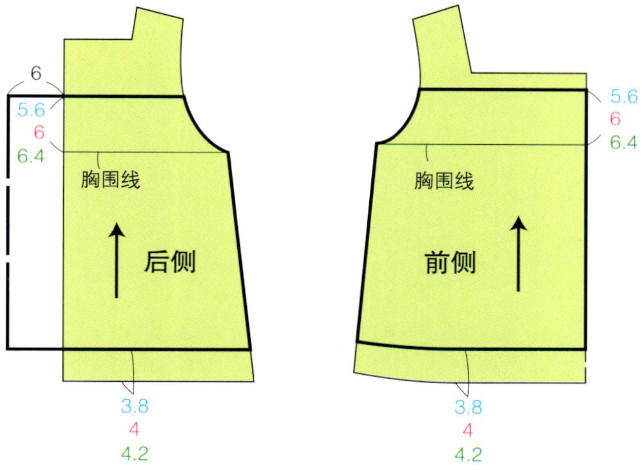

1 缝出侧边线。

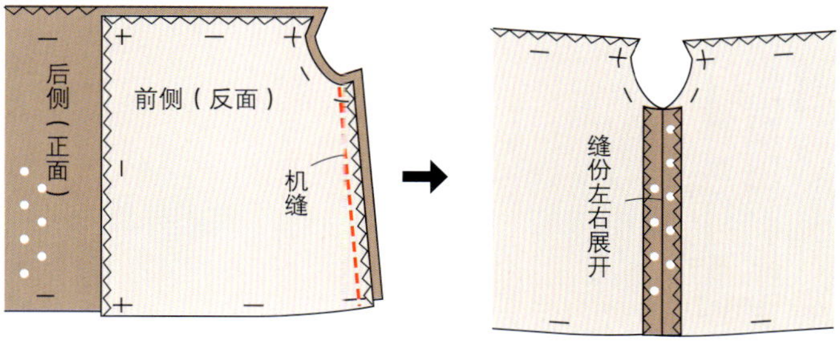

4 穿入128、135、141cm的圆绳

完成

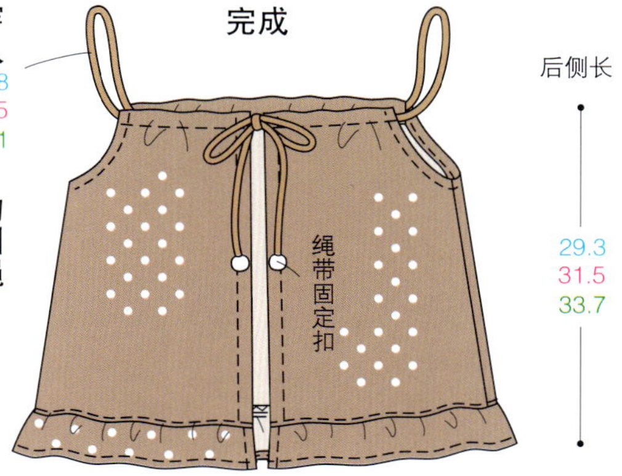

2 用斜裁布条处理袖口，再缝好胸口处。

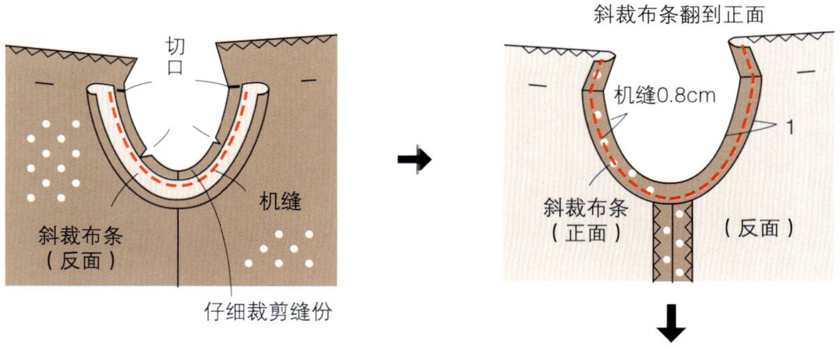

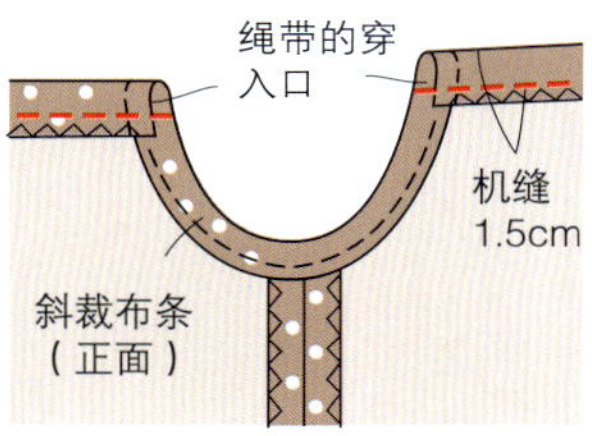

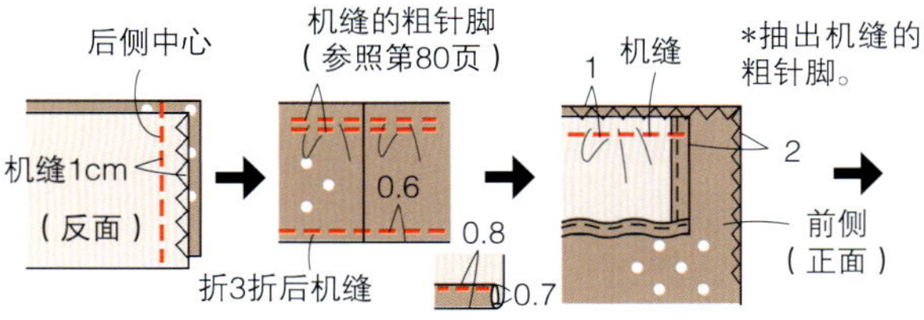

*抽出机缝的粗针脚。

3 制作荷叶边，拼接缝好。

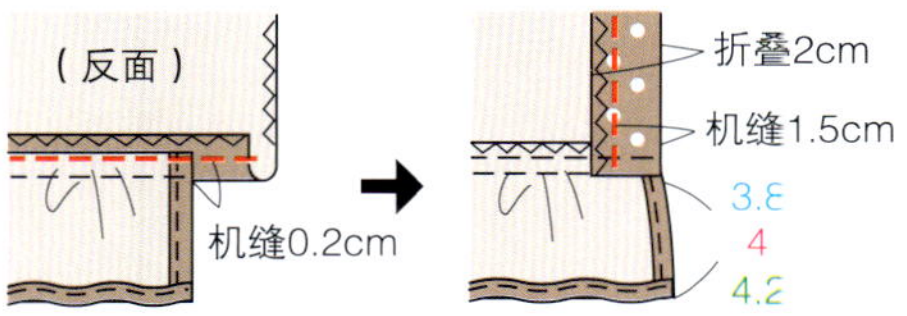

身后打结的吊带背心

20
SEE PAGE
37

背心尺寸 适合身高95~105cm
模特身高 101cm

背面领口呈V形，并用布料打结，是围裙风格的背心。不用纽扣和拉链，非常简单。

作品20的材料

表布（印花布） 宽112cm，长分别为110cm、110cm、120cm

♪绳带、斜裁布条没有实物大纸样。直接在布料上画好后裁剪。

♪表布图案是同一方向的，裁剪时需注意。

实物大纸样的调整方法

平行延伸下摆线，加长长度。后领口剪成V字形，重新画出领口线。

表布的裁剪方法

○内的数字为缝份尺寸

各部分使用实物大纸样B面（第44页作品24）的纸样

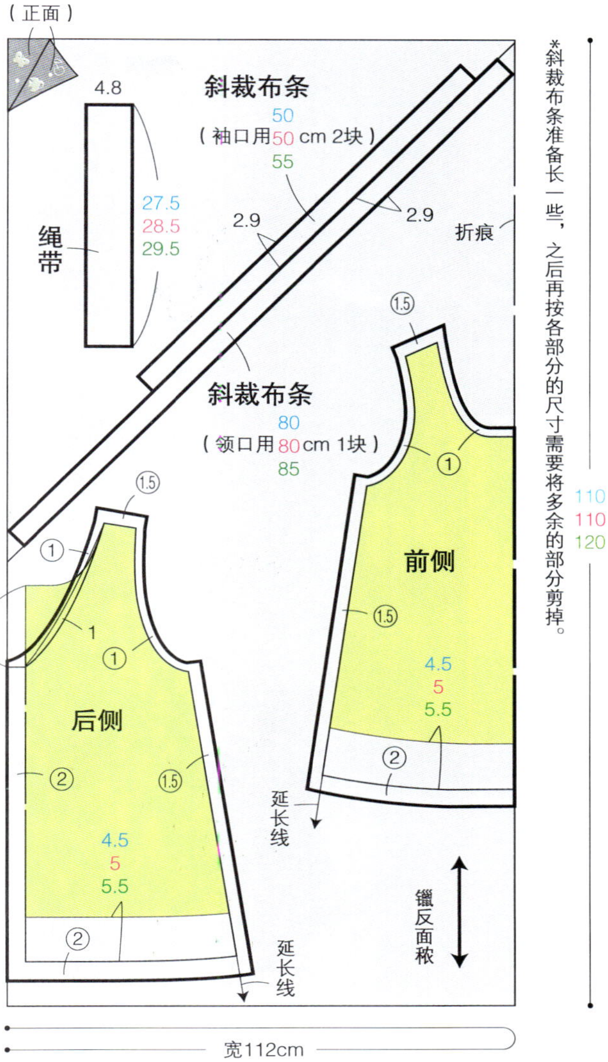

1 缝出肩线。

2 领口、袖口处缝上斜裁布条，再缝好领口（参照第74页）。

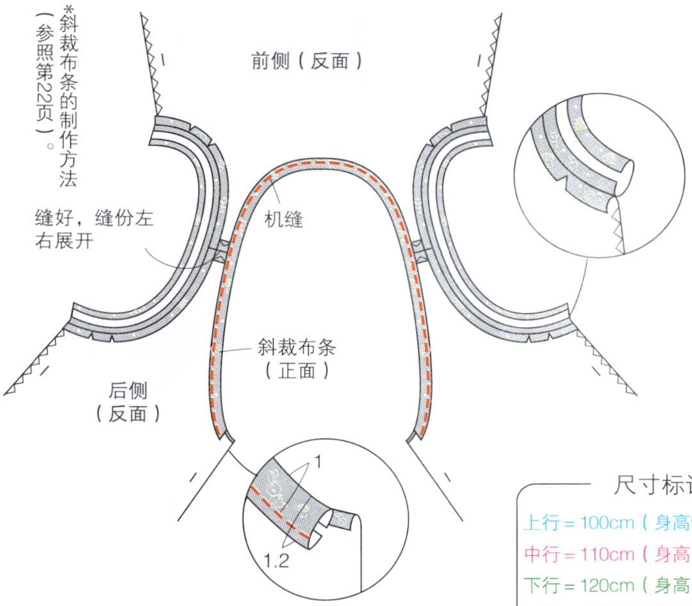

尺寸标记

上行＝100cm（身高95~105cm）

中行＝110cm（身高105~115cm）

下行＝120cm（身高115~125cm）

只有一个数字时为通用部分

3 缝出侧边线，缝好袖口（参照第75页）。

4 缝出下摆线。

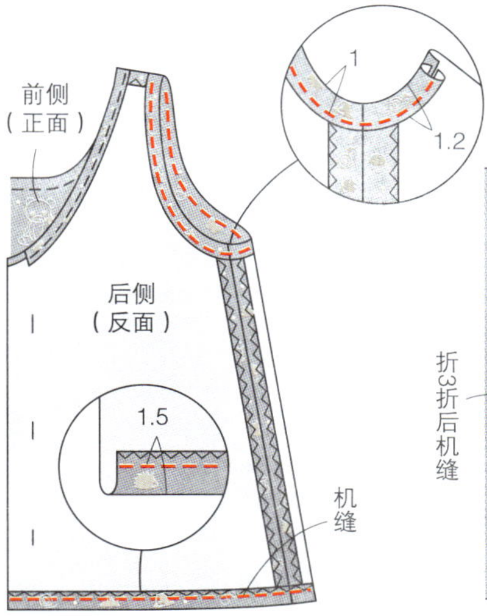

5 后侧顶端缝好。

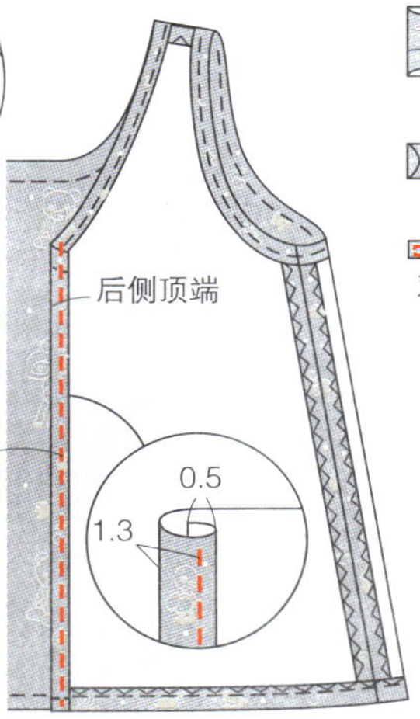

6 制作绳带，拼接缝好。

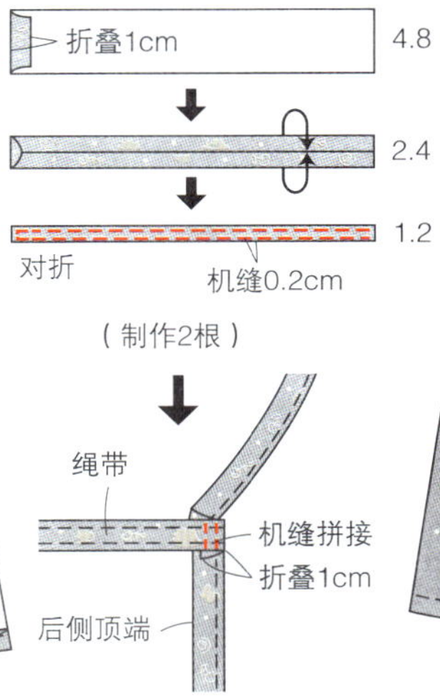

完成

荷叶边背心

21
SEE PAGE
39

背心尺寸 适合身高105~115cm
模特身高 108cm

中间带有荷叶边的可爱背心，搭配花边裤，极富想象力的组合，强力推荐。

花边裤在第24、25页也有刊登

作品21的材料

表布（双层纱/起毛印花布）宽110cm，长分别为100cm、110cm、120cm
斜裁布条（领口、袖口）宽1.27cm，长分别为140cm、150cm、160cm
♪荷叶边没有实物大纸样。直接在布料上画好后裁剪。

实物大纸样的调整方法

从下摆线平行延伸长度，重新画出下摆线。

各部分使用实物大纸样B面（第44页 24）的纸样

表布的裁剪方法

○内的数字为缝份尺寸

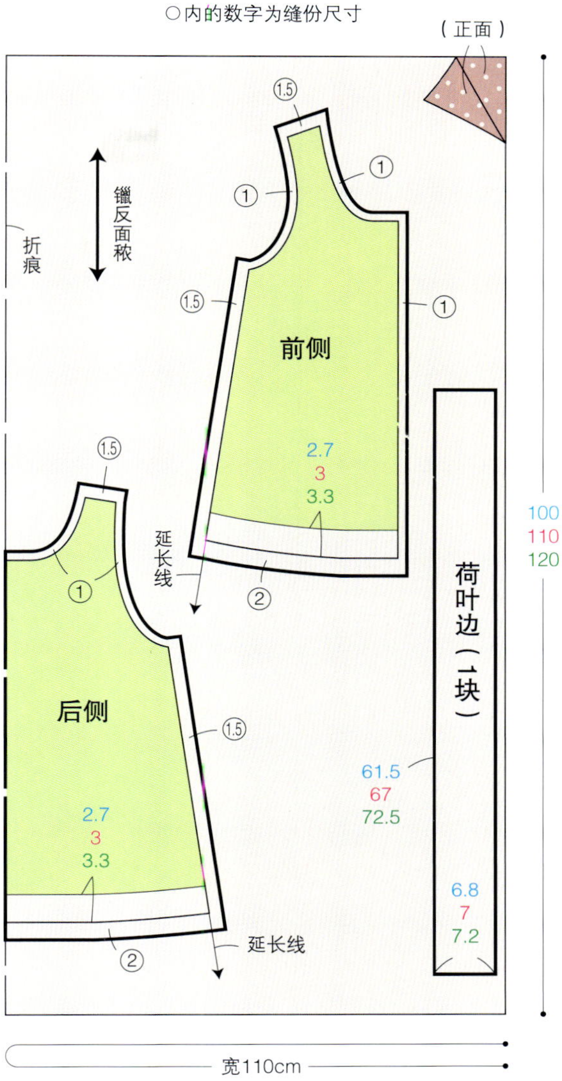

尺寸标记
上行＝100cm（身高95~105cm）
中行＝110cm（身高105~115cm）
下行＝120cm（身高115~125cm）
只有一个数字时为通用部分

1 制作荷叶边，拼接缝好。

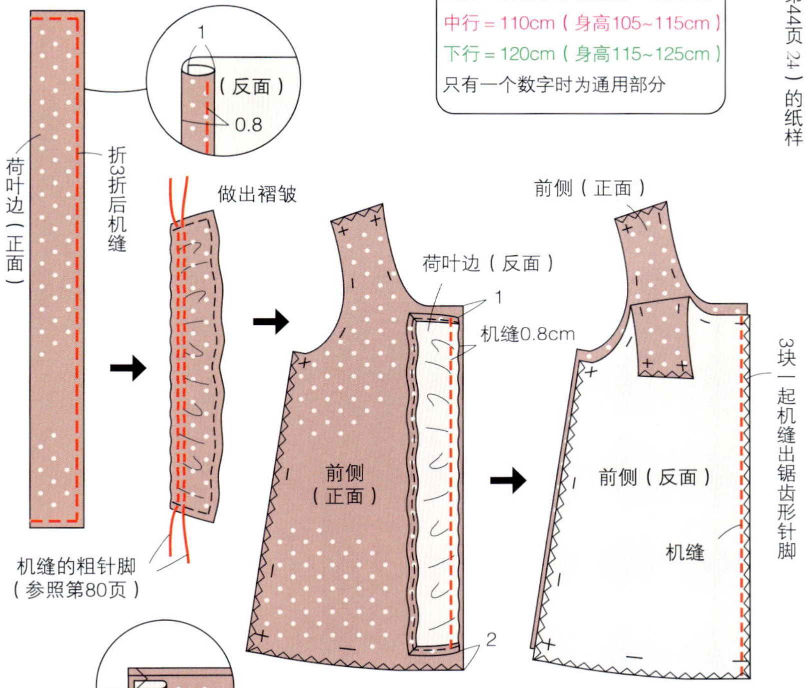

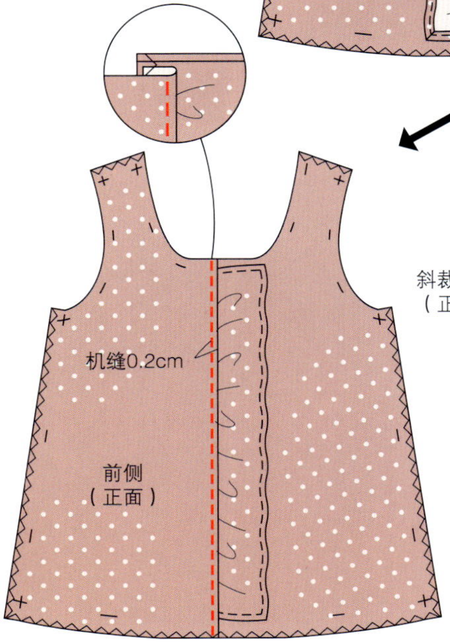

2 缝出肩线（参照第74页）。
3 斜裁布条拼接到领口、袖口，再缝好领口（参照第74页）。
4 缝出侧边线，缝好袖口（参照第75页）。

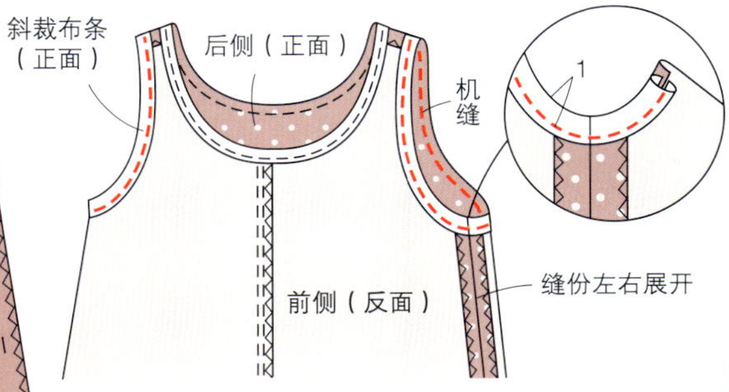

完成

5 缝出下摆线。

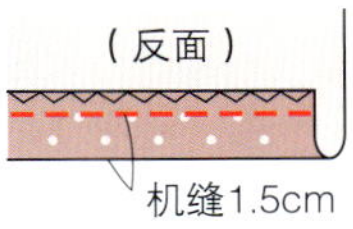

带装饰纽扣的连衣裙

22
SEE PAGE
42

连衣裙尺寸 适合身高115~125cm
模特身高 124cm

中间的褶皱处加入包扣，不用制作扣眼，直接缝上即可。每颗包扣都不相同，纯手工制作哦！

23
SEE PAGE
42

连衣裙的尺寸 适合身高105~115cm

与作品22一样，也是A形的连衣裙，采用超人气的粉色苏格兰格子布料制成，黑色的包扣十分显眼，是设计的亮点。

第40页作品22

第41页作品23

作品22的材料

表布（羊毛、棉混纺）宽110cm，长分别为140cm、140cm、150cm
其他布料（5种棉布/包扣用） 各5cm×5cm 1块
斜裁布条（袖口） 宽1.27cm，长分别为80cm、80cm、90cm
直径2.2cm的包扣纽扣 5对

作品23的材料

表布（法兰绒印花布）宽108cm，长分别为140cm、140cm、150cm
其他布料（羊毛乔其纱/包扣用）5cm×5cm 5块
斜裁布料（袖口） 宽1.27cm，长分别为80cm、80cm、90cm
直径2.2cm的包扣纽扣 5对

作品22、23表布的裁剪方法

○内的数字为缝份尺寸

各部分使用实物大纸样B面（第44页作品24）的纸样

*滚边准备长一些，之后再按各部分的尺寸需要将多余的部分剪掉。

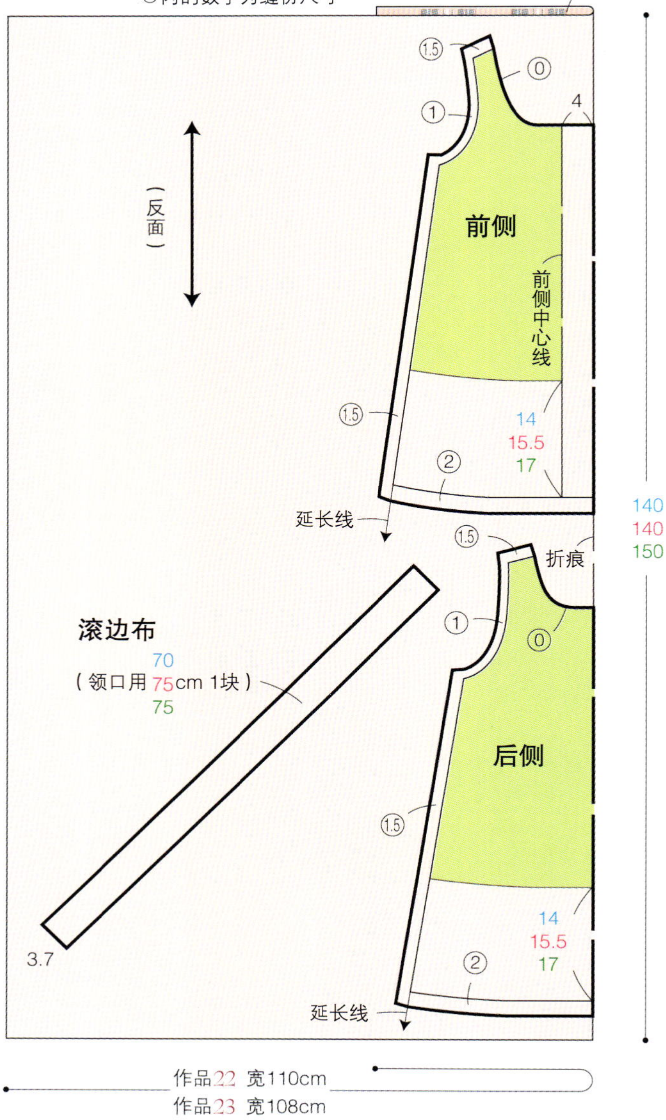

实物大纸样的调整方法

沿中心线垂直向下，延长侧边线，再重新画出下摆线。前侧距离中心线超出4cm。

尺寸标记

上行＝100cm（身高95~105cm）
中行＝110cm（身高105~115cm）
下行＝120cm（身高115~125cm）
只有一个数字时为通用部分

A与A合拢
（纽扣、褶皱的位置）

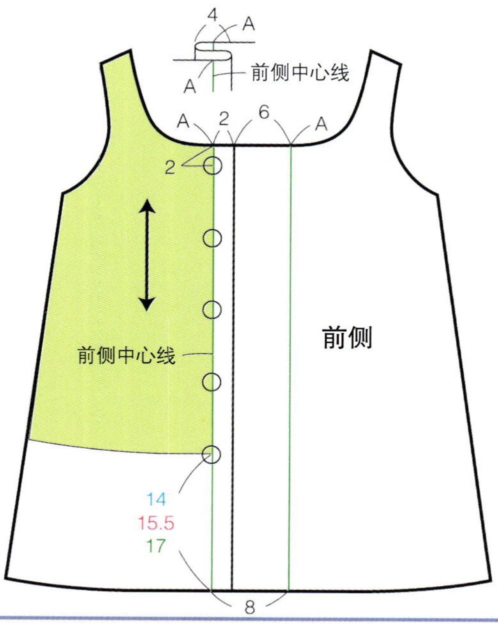

1 制作包扣

实物大纸样

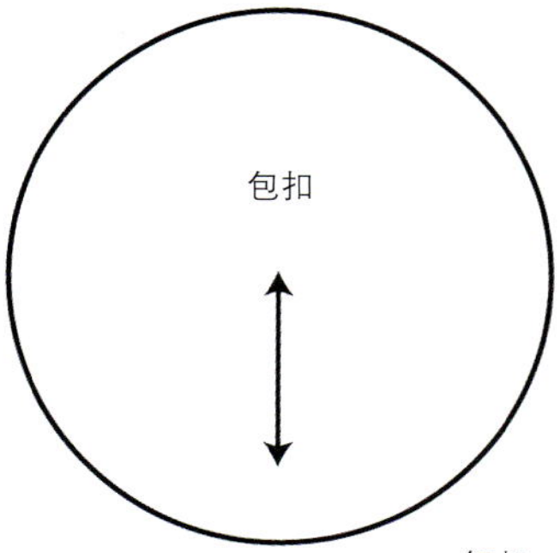

*避免使用厚布料。

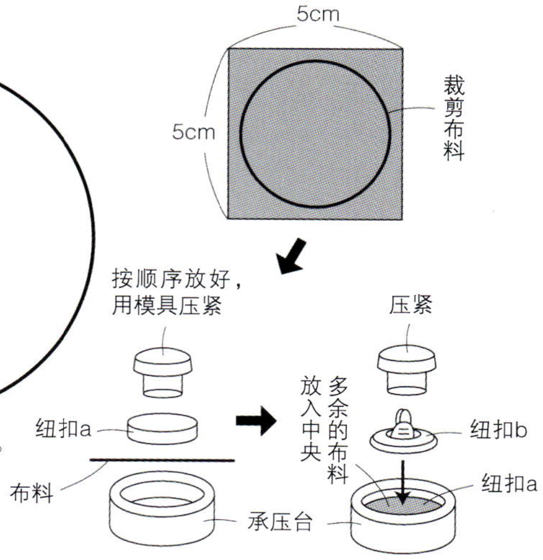

2 缝出肩线。

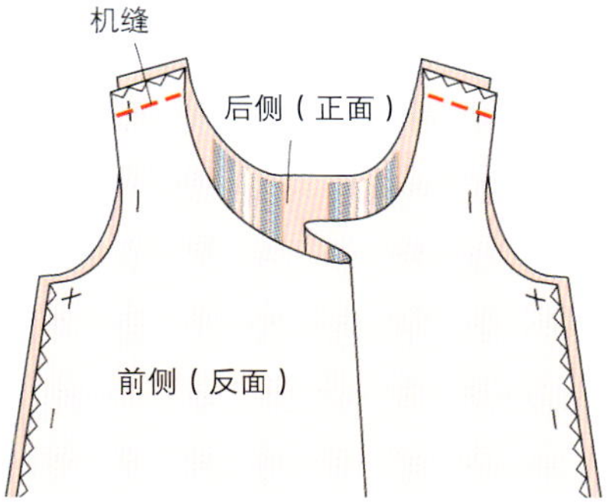

3 袖口进行滚边处理。

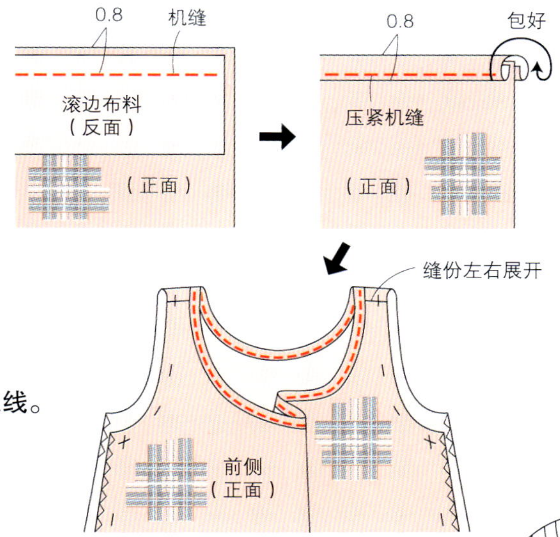

滚边布料的制作方法

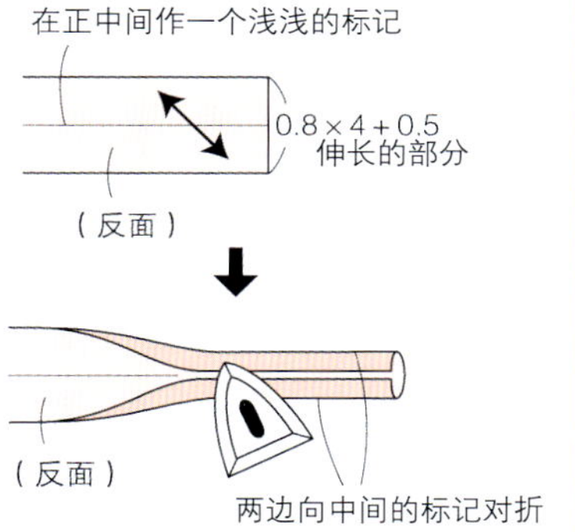

4 斜裁布条缝到袖口，再缝出侧边线。

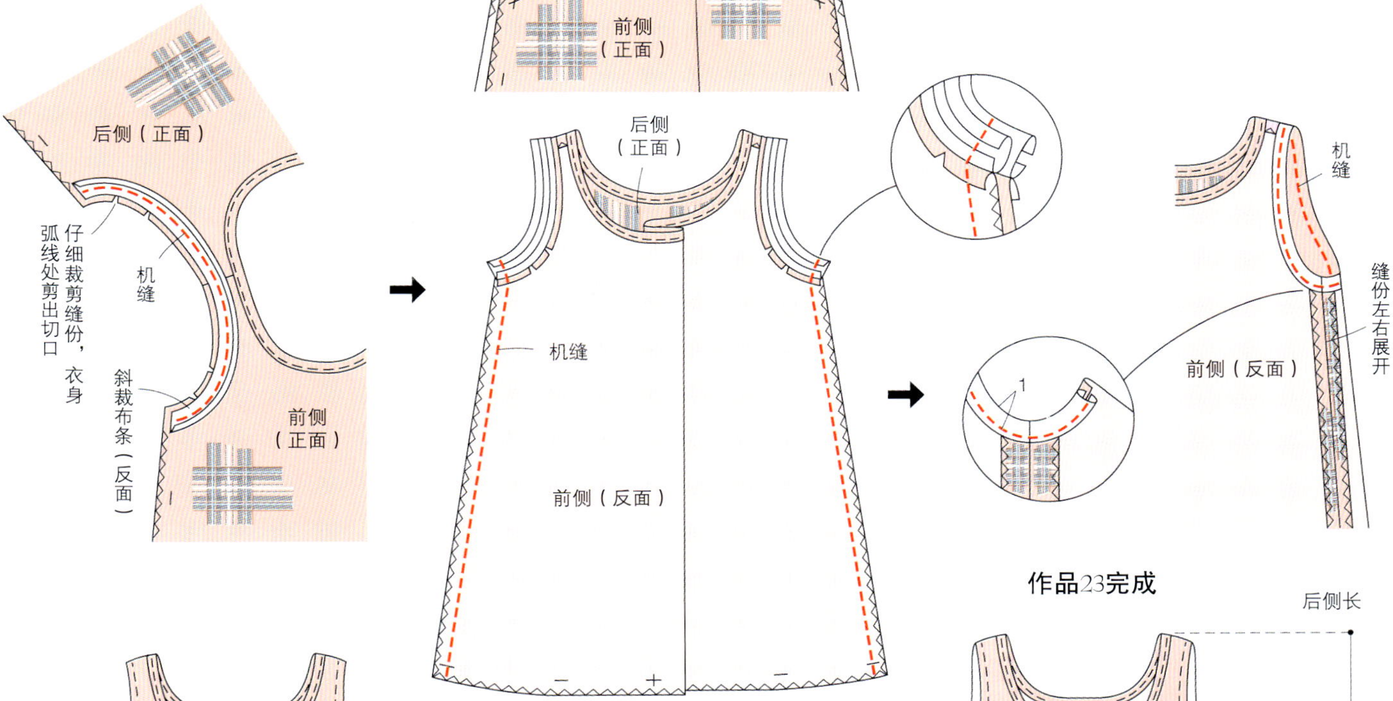

5 缝出下摆线。
6 折出褶皱，缝上包扣。

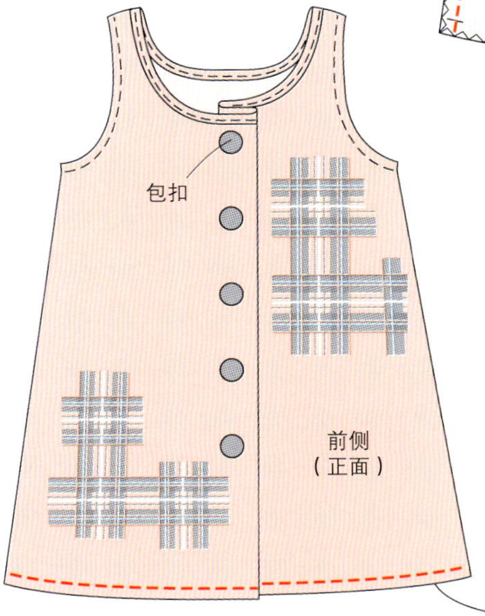

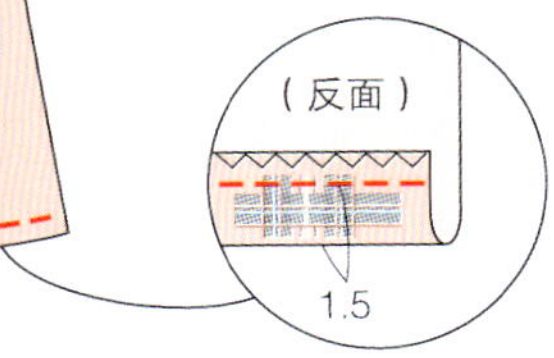

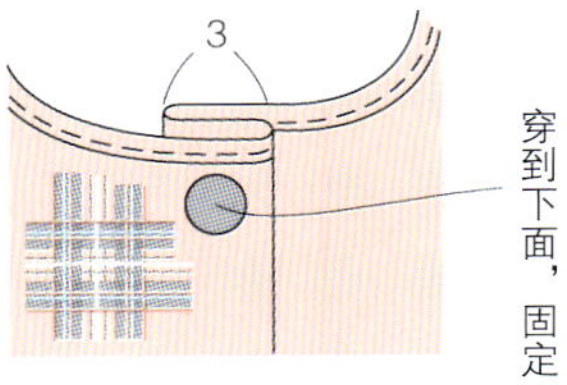

作品23完成

（作品22的包扣用五种布料制作，方法相同）

时尚单色调迷你连衣裙

24
SEE PAGE
74

迷你连衣裙尺寸 适合身高105~115cm
模特身高 110cm

用同样的布料和绢纱做出下摆的荷叶边，微显成熟的迷你连衣裙。

25

SEE PAGE

74

迷你连衣裙尺寸 适合身高115~125cm
模特身高 124cm

设计与作品24相同，但换成黑色的羊毛料制作，给人非常端庄的感觉。搭配上花样紧身裤，潮流的打扮。

V领连衣裙

26
SEE PAGE
47

连衣裙尺寸 适合身高105~115cm
模特身高 110cm

褶皱低腰设计，可爱的叠穿连衣裙。套头式制作方法简单。

作品26的材料

表布（法兰绒/起毛先染布料）宽112cm，长分别为100cm、100cm、120cm
斜裁布条（领口、袖口）宽1.27cm，长分别为140cm、150cm、160cm
♪裙子没有实物大纸样。直接在布料上画好后裁剪。

实物大纸样的调整方法

平行裁剪下摆线，领口裁剪成V形，再重新画线。

各部分使用实物大纸样B面（第44页作品24）的纸样

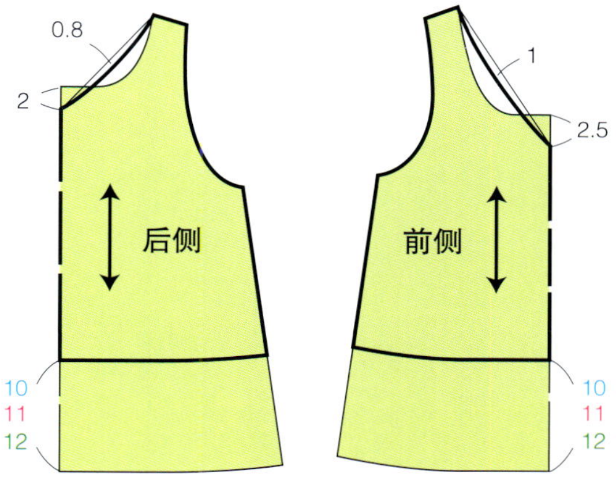

表布的裁剪方法

○内的数字为缝份尺寸

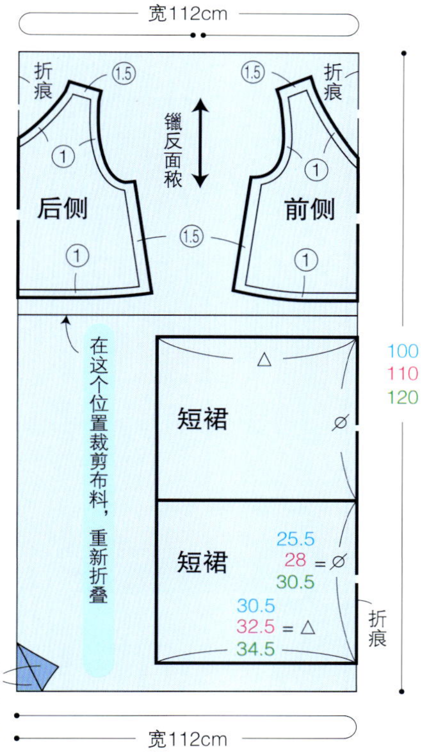

尺寸标记

上行＝100cm（身高95~105cm）
中行＝110cm（身高105~115cm）
下行＝120cm（身高115~125cm）
只有一个数字时为通用部分

1 缝出肩线。

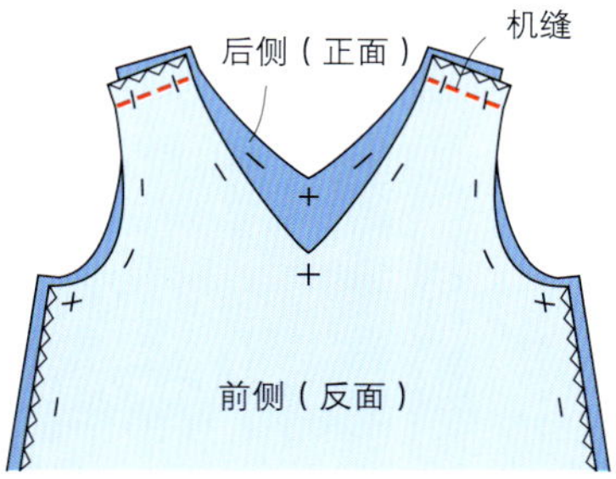

完成

2 斜裁布料缝到领口、袖口，再缝好领口（参照第74页）。

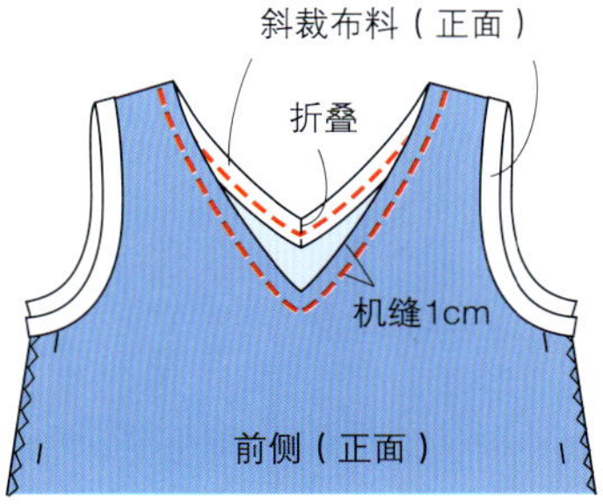

3 缝出侧边线，缝好袖口（参照第75页）。

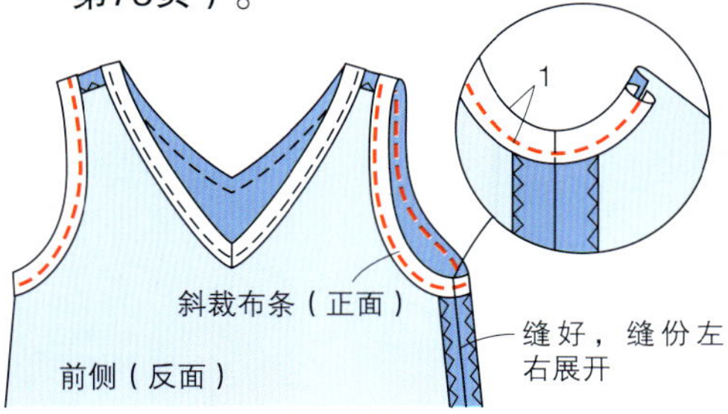

4 制作短裙，拼接缝好。

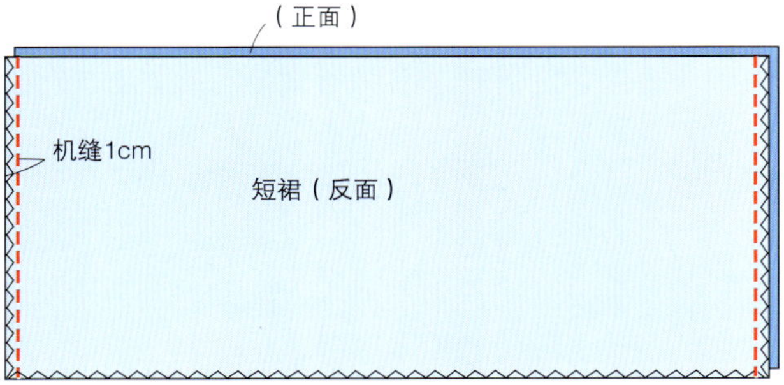

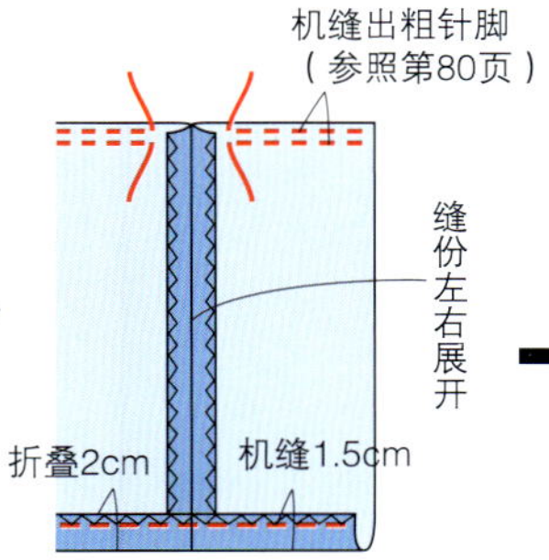

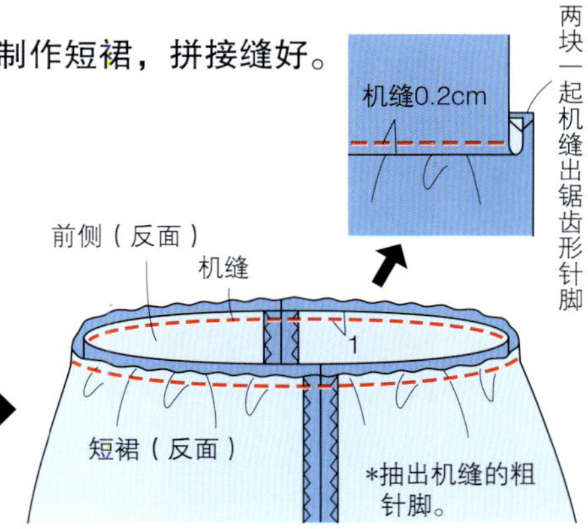

休闲马裤

27
SEE PAGE
50

马裤尺寸 适合身高115~125cm
模特身高 124cm

马裤给人以简单淑女的感觉。秋天的时候尝试一下格子的学院风也非常不错喔！

28

SEE PAGE
51

马裤尺寸 适合身高105~115cm

腰部加入褶皱，裙子一般的马裤，换成印花起毛布料也很漂亮。

第48页作品27

作品27的材料

表布（灯芯绒）宽112cm，长分别为50cm、50cm、60cm
橡皮筋（腰部）宽1cm，长分别为50cm、50cm、60cm
♪表布为起毛布料，要按同一方向裁剪。
♪根据个人穿衣习惯调整橡皮筋的长度。

实物大纸样的调整方法

前侧上裆线平行往外移2cm，下裆线垂直向下（后侧的方法相同）。前、后下裆线交叉，重新画出下摆线。

尺寸标记

上行＝100cm（身高95~105cm）
中行＝110cm（身高105~115cm）
下行＝120cm（身高115~125cm）
只有一个数字时为通用部分

各部分使用实物大纸样A面（第10页作品5）的纸样

表布的裁剪方法

○内的数字为缝份尺寸

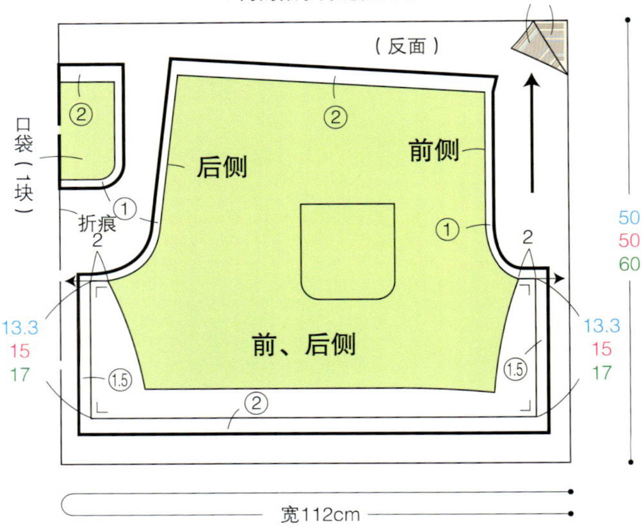

1 制作口袋，拼接缝好（参照第12页）。

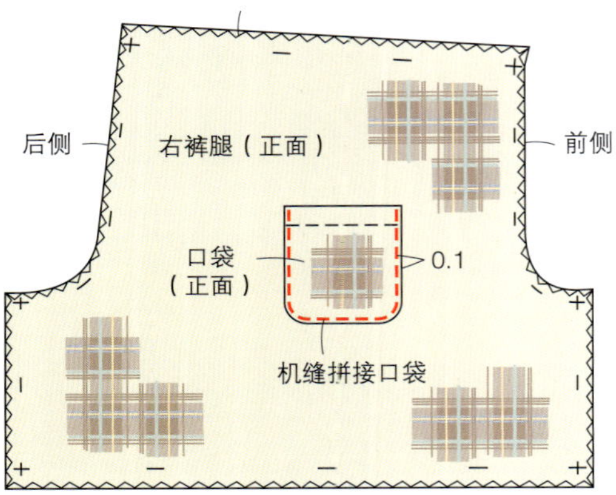

2 缝出下裆线。

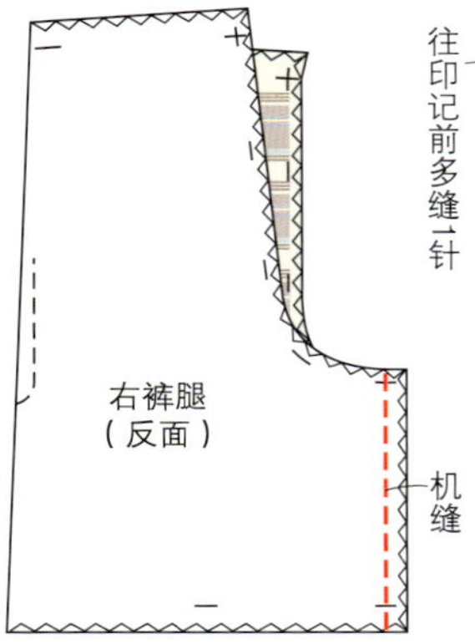

※左裤腿也按同样的方法缝好。

3 缝出上裆线。

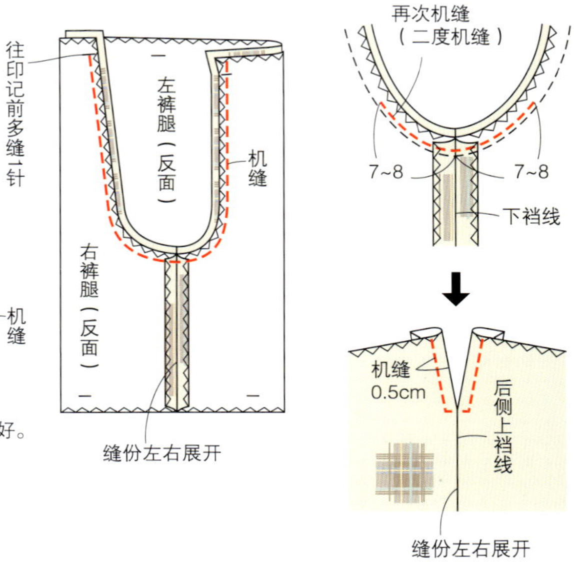

4 缝出下摆线。

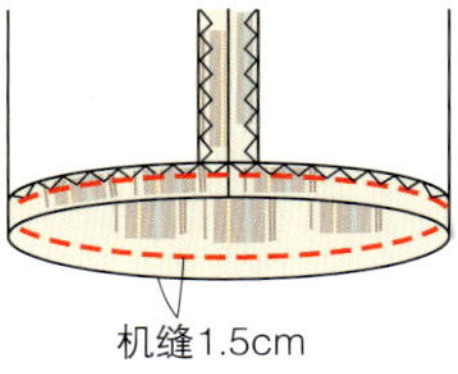

5 缝腰部。

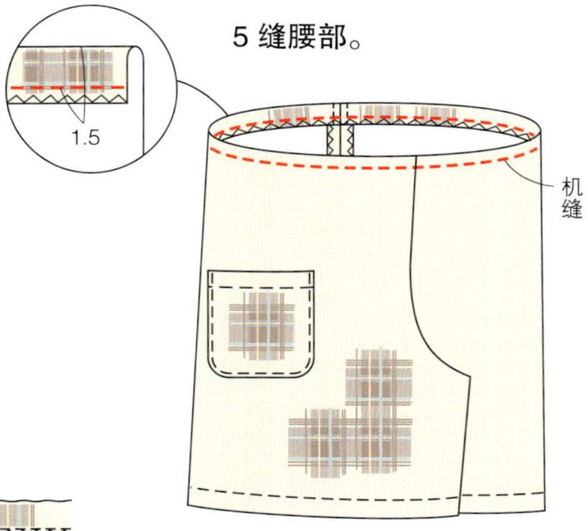

6 橡皮筋从腰间穿过。

47
49 cm的橡皮筋
51

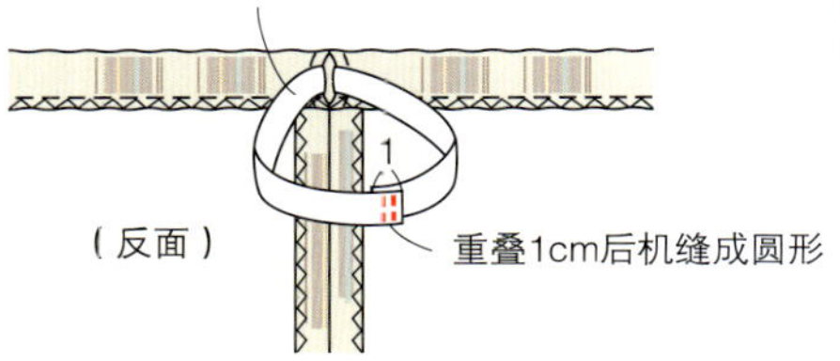

完成

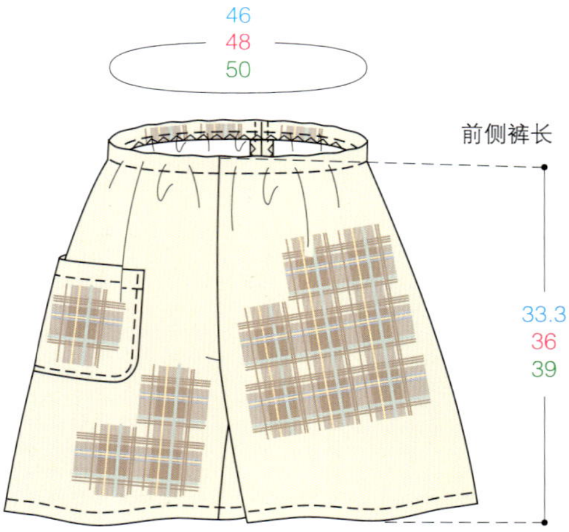

作品28的材料

表布（起毛印花布） 宽110cm，长分别为90cm、90cm、100cm
橡皮筋（腰部） 宽1cm，长分别为 50cm、50cm、60cm
♪腰部没有实物大纸样。直接在布料上画好后裁剪。
♪根据个人穿衣习惯调整橡皮筋的长度。

尺寸标记
上行＝100cm（身高95~105cm）
中行＝110cm（身高105~115cm）
下行＝120cm（身高115~125cm）
只有一个数字时为通用部分

表布的裁剪方法

○内的数字为缝份尺寸

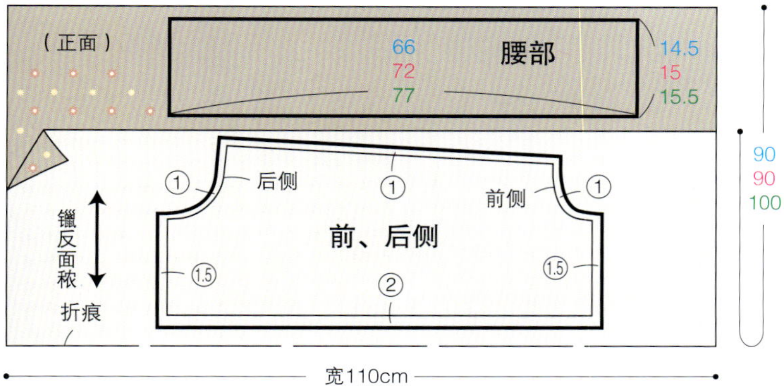

实物大纸样的调整方法

前侧上裆线平行往外移2cm，下裆线垂直向下。（后侧的方法相同）前、后侧下裆线交叉，再重新画出下摆线。裁剪腰部，（褶皱部分）图样剪开。

各部分使用实物大纸样A面（第10页作品5）的纸样

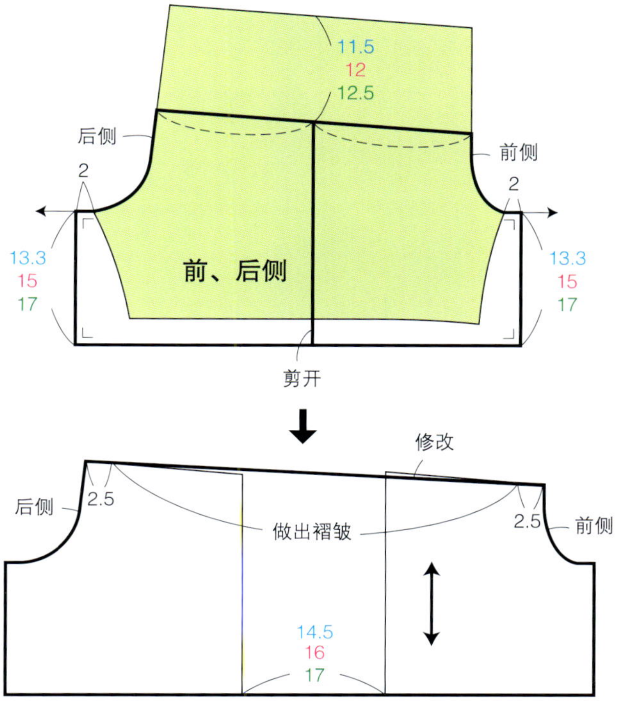

1 制作腰部。

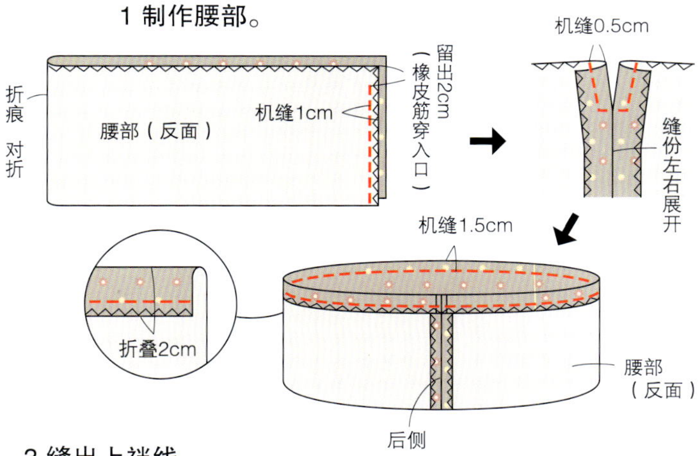

2 缝出下裆线。

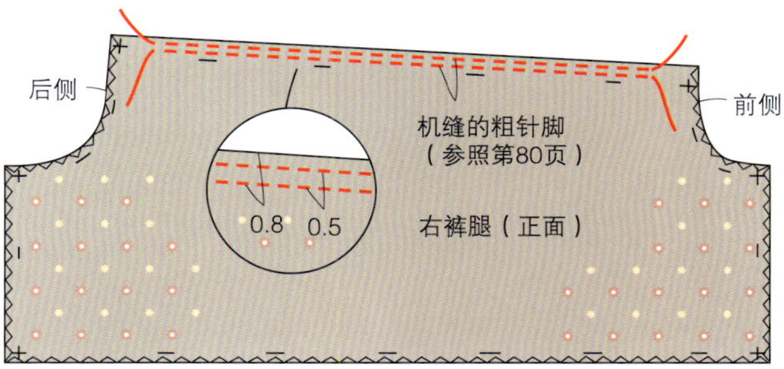

3 缝出上裆线。

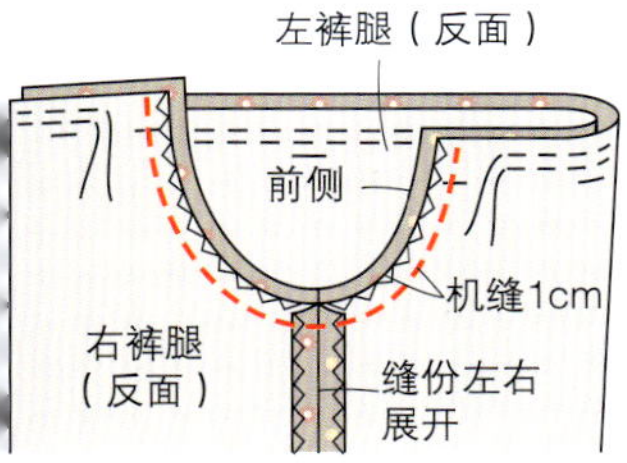

4 缝出下摆线。

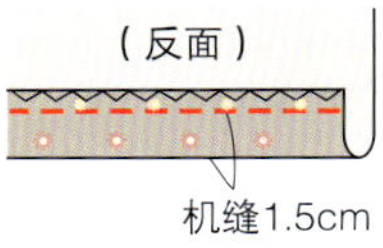

5 拼接缝好腰部。

褶皱的制作方法（参照第80页）

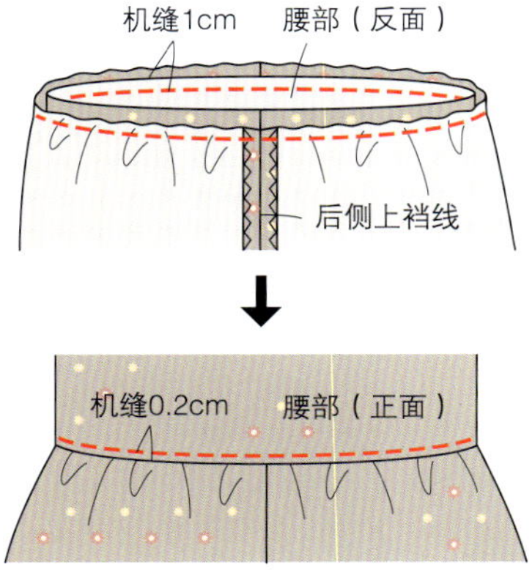

完成

6 橡皮筋从腰间穿过（参照第50页）。

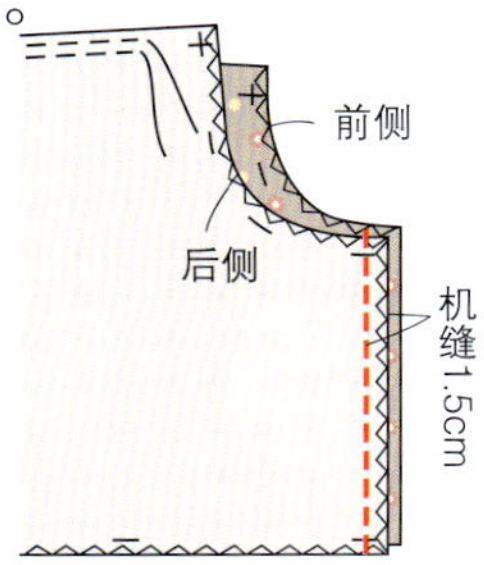

*左裤腿也按同样的方法缝。

迷人的蛋糕裙

29

SEE PAGE
53

裙子尺寸 适合身高105~115cm
模特身高 110cm

层层叠叠，纯手工感的裙子。丹宁布、圆点、格子组合而成的早期美国风格，你一定会喜欢！

第52页作品29

作品29的材料

A布（棉布、净色）宽110cm、长20cm
B布（棉布、圆点）宽110cm、长30cm
C布（棉布、方格）宽110cm，长分别为30cm 30cm 40cm
橡皮筋（腰部）宽1cm，长分别为50cm、50cm、60cm
♪没有实物大纸样。直接在布料上画好后裁剪。
♪根据个人穿衣习惯调整橡皮筋的长度。

A布的裁剪方法

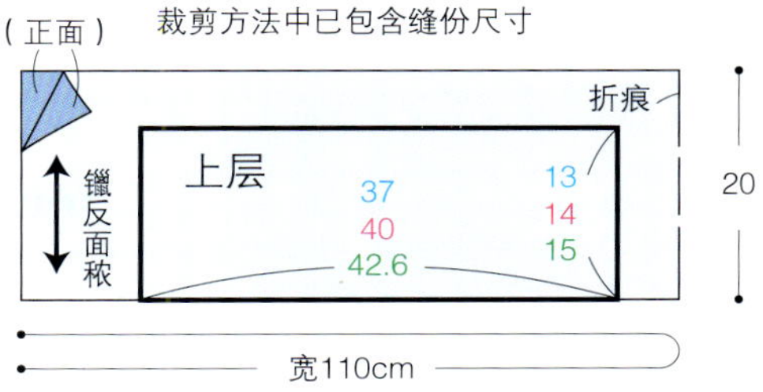

B布的裁剪方法

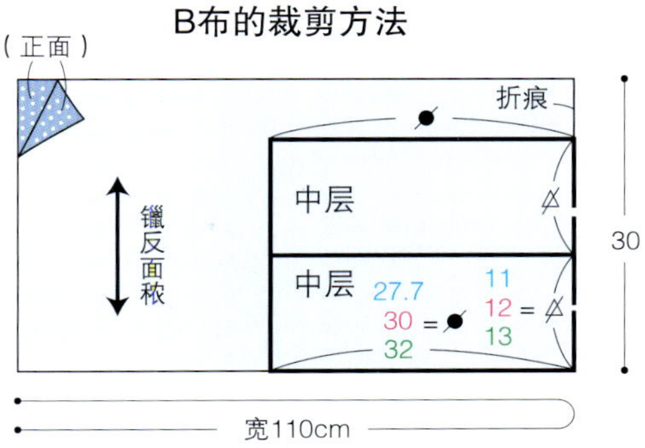

C布的裁剪方法

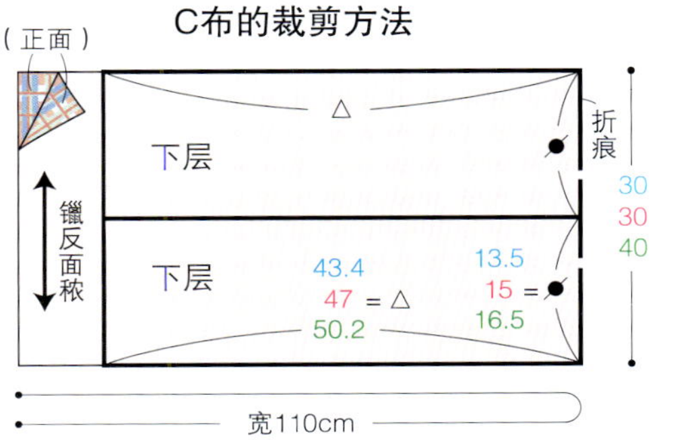

1 缝上层。

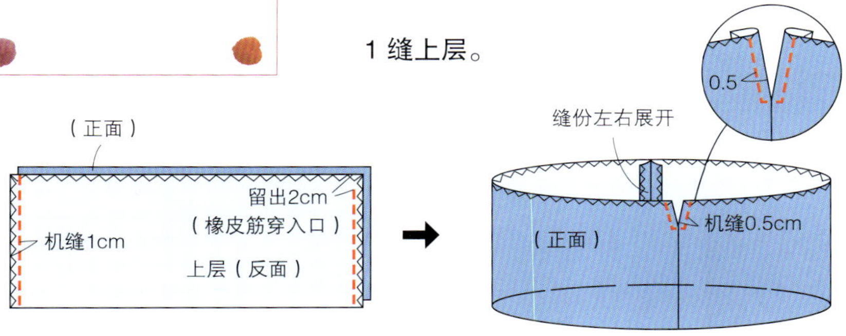

2 缝中层。

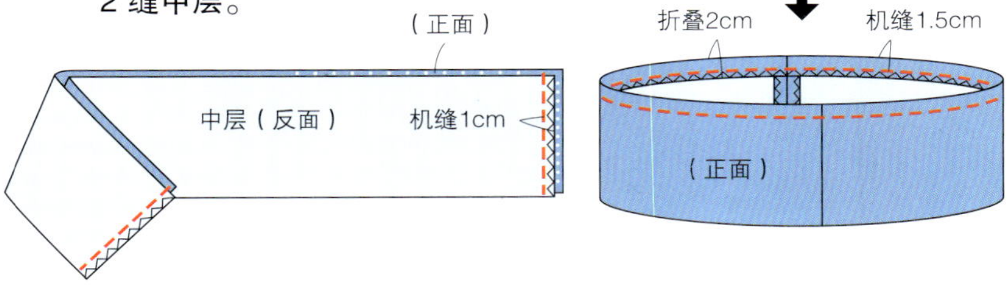

3 缝下层。

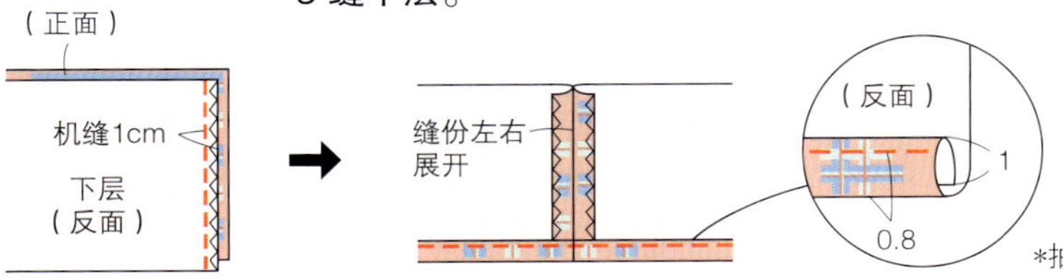

*抽出机缝的粗针脚。

4 上层、中层、下层缝合。

画出8等分的印记

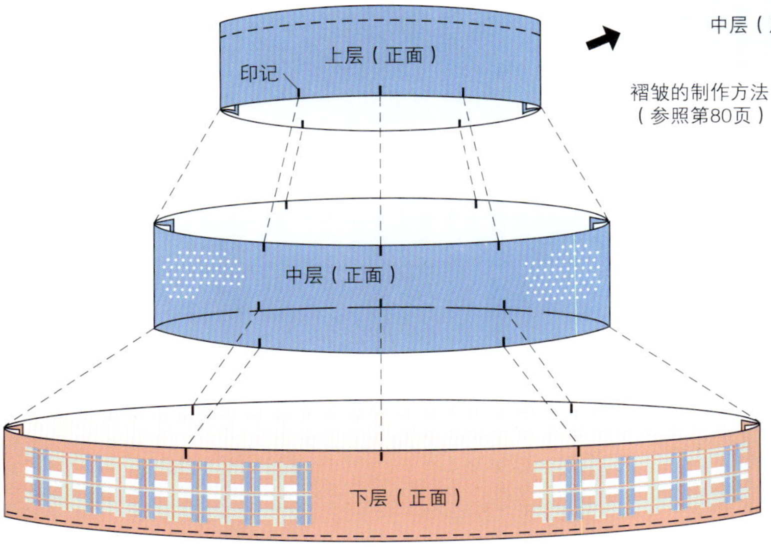

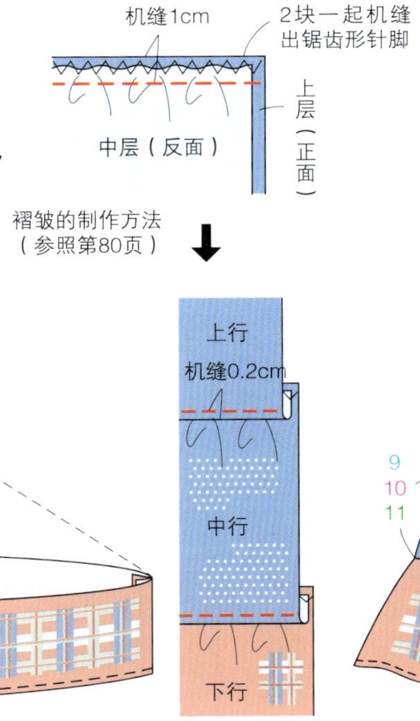

尺寸标记

上行 = 100cm（身高95~105cm）
中行 = 110cm（身高105~115cm）
下行 = 120cm（身高115~125cm）
只有一个数字时为通用部分

完成

5 47/49/51 cm的橡皮筋从腰间穿过（参照第57页）。

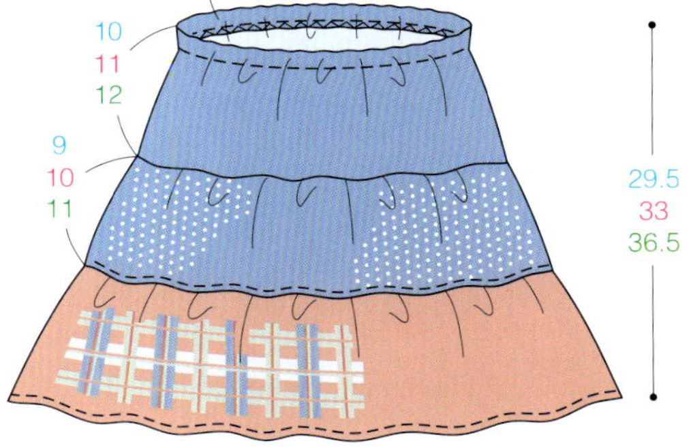

舒适清新的荷叶边短裙

30
SEE PAGE
55

短裙尺寸 适合身高115~125cm
模特身高 124cm

用双面印花布制作的褶皱短裙，十分可爱的设计。下摆的荷叶边用印有小花的反面布料，更具自然风情。

第54页作品30

作品30的材料

表布（双面印花布） 宽112cm，长分别为70cm、70cm、80cm
橡皮筋（腰部） 宽1cm，长分别为 50cm、50cm、60cm
♪荷叶边A、B没有实物大纸样。直接在布料上画好后裁剪。
♪根据个人穿衣习惯调整橡皮筋的长度。

实物大纸样的调整方法

前、后侧中心线剪去3cm。沿原来下摆线平行裁剪后，再重新画出新的下摆线。

各部分使用实物大纸样A面（第2页作品1）的纸样

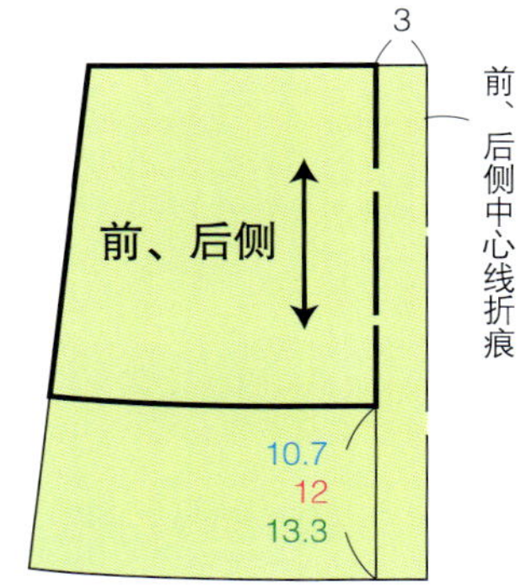

尺寸标记

上行＝100cm（身高95~105cm）
中行＝110cm（身高105~115cm）
下行＝120cm（身高115~125cm）
只有一个数字时为通用部分

表布的裁剪方法 ○内的数字为缝份尺寸

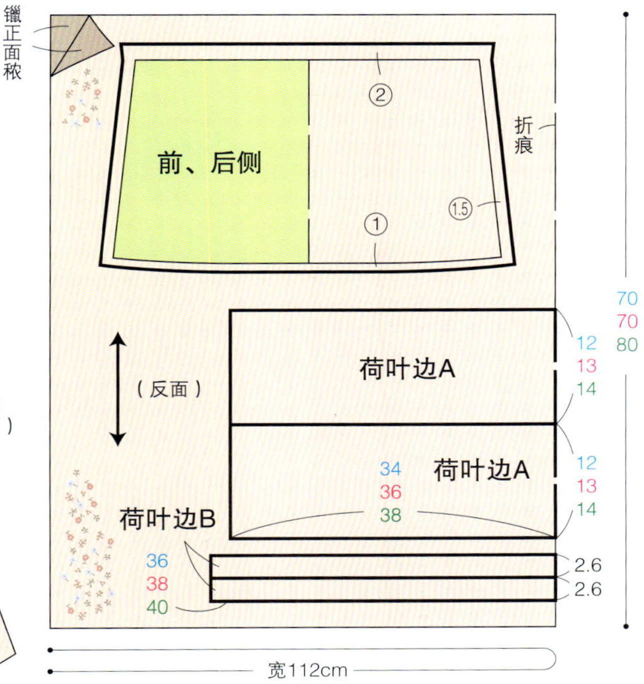

荷叶边A、B使用表布的反面

1 缝出侧边线。

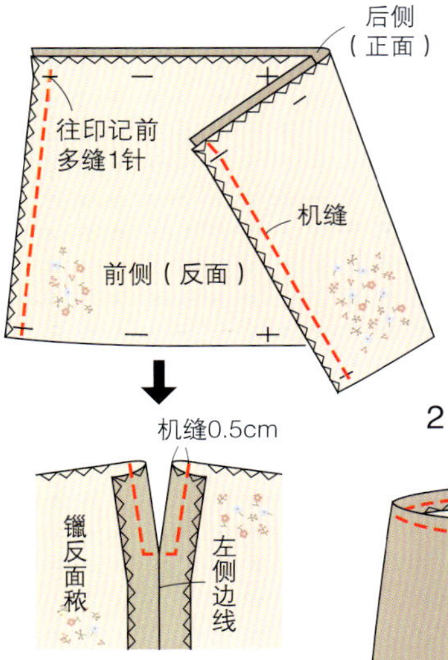

2 缝腰部。

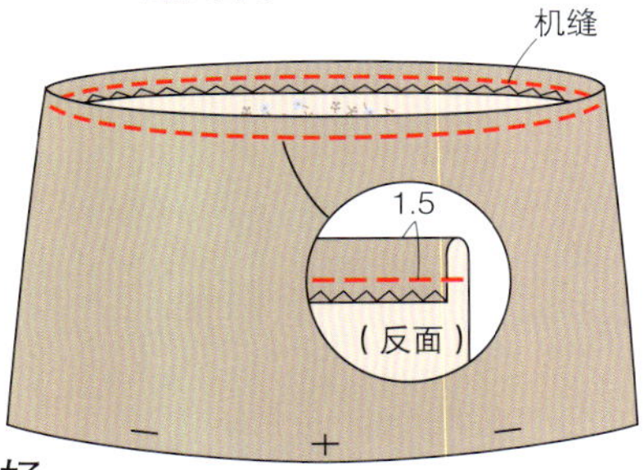

3 制作荷叶边A，拼接缝好。

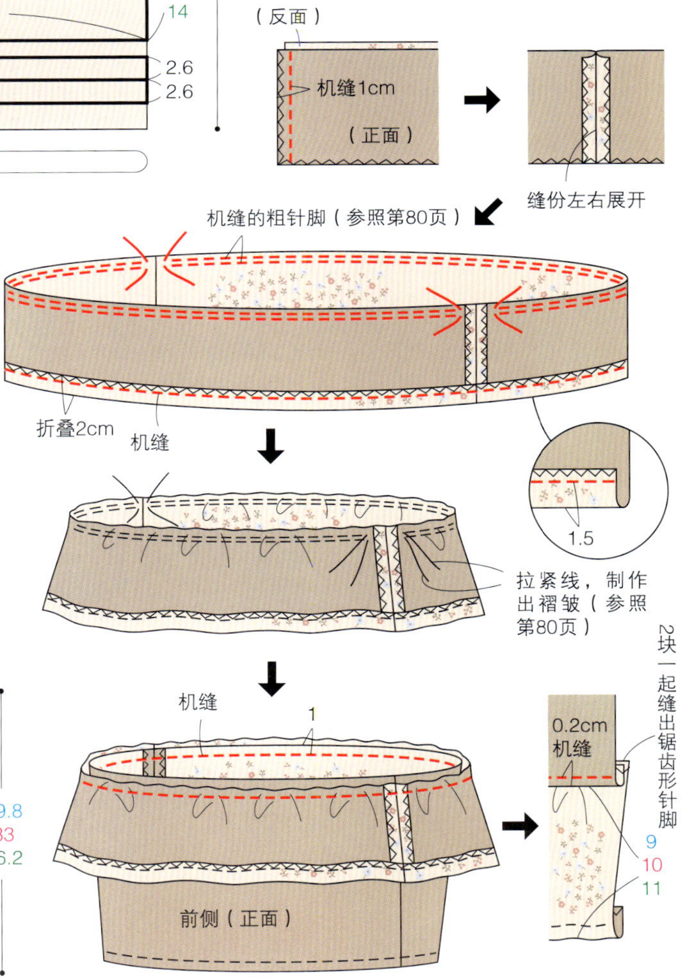

4 制作荷叶边B，拼接缝好。

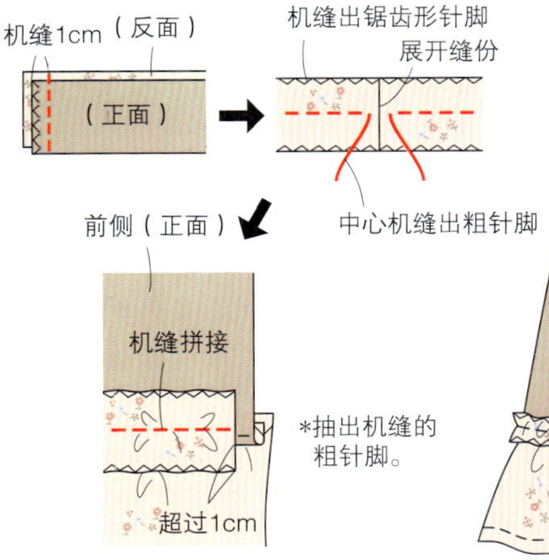

完成

5 橡皮筋从腰间穿过（参照第57页）。

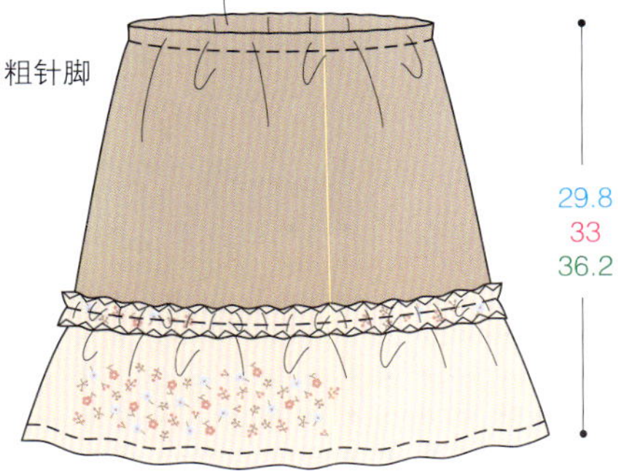

芭蕾舞裙

31
SEE PAGE
57

短裙尺寸 适合身高105~115cm
模特身高 110cm

用芭蕾舞鞋图案的印花布制作的短裙，颇有芭蕾舞者的感觉。采用无弧线的长方形设计，非常简单！

第56页作品31

作品31的材料

表布（棉质、麻帆布）宽110cm，长分别为60cm、70cm、70cm
橡皮筋（腰部）宽1cm，长分别为50cm、50cm、60cm
♪没有实物大纸样。直接画在布料上后裁剪。
♪根据个人穿衣习惯调整橡皮筋的长度。

尺寸标记

上行＝100cm（身高95~105cm）
中行＝110cm（身高105~115cm）
下行＝120cm（身高115~125cm）
只有一个数字时为通用部分

表布的裁剪方法

裁剪方法中已包含缝份尺寸

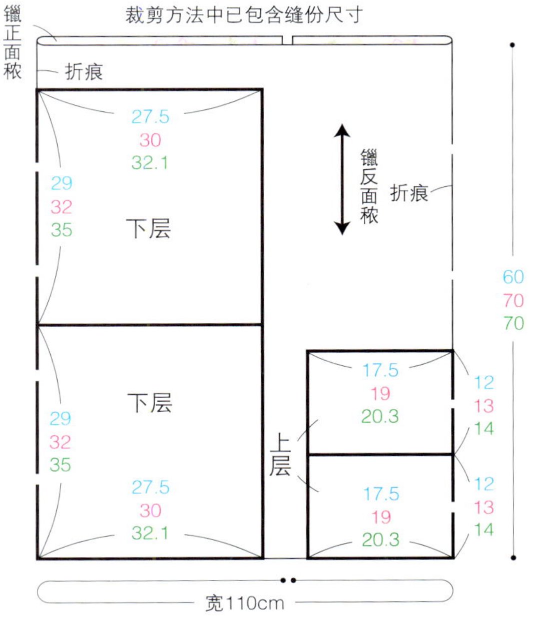

1 缝上层。

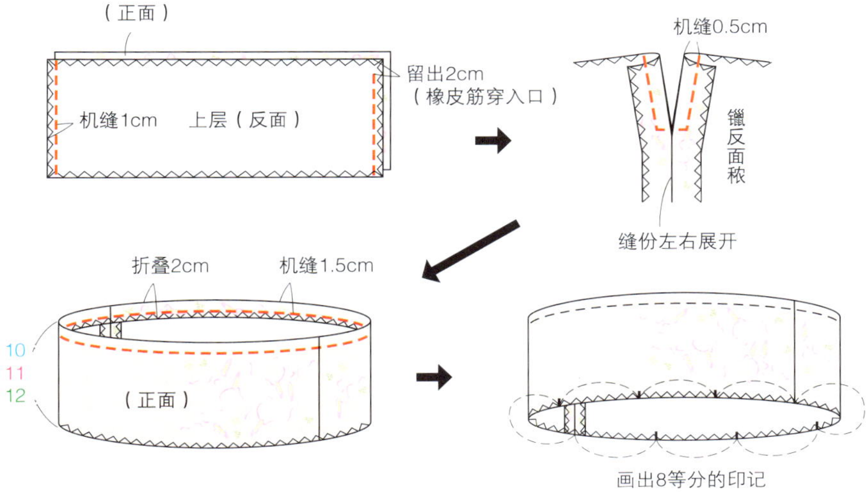

完成

2 缝下层。

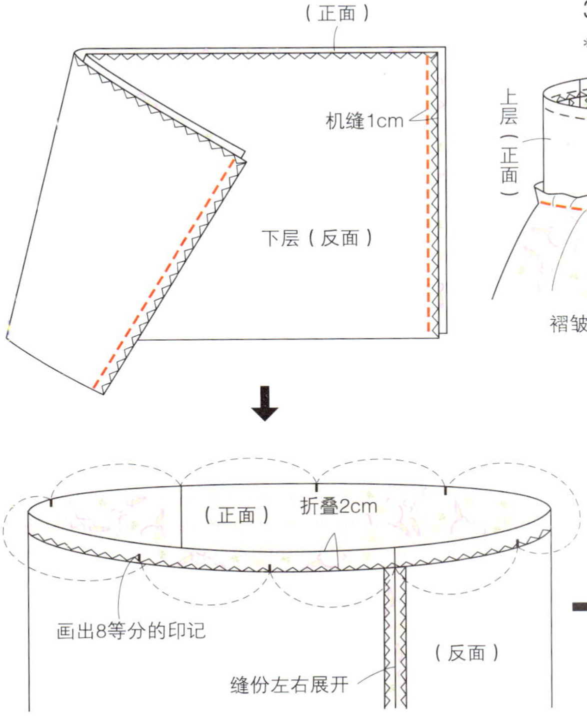

3 缝合上、下层。

*抽出机缝的粗针脚。

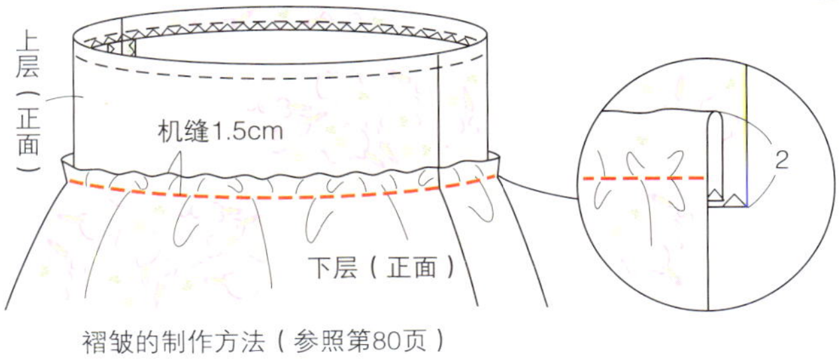

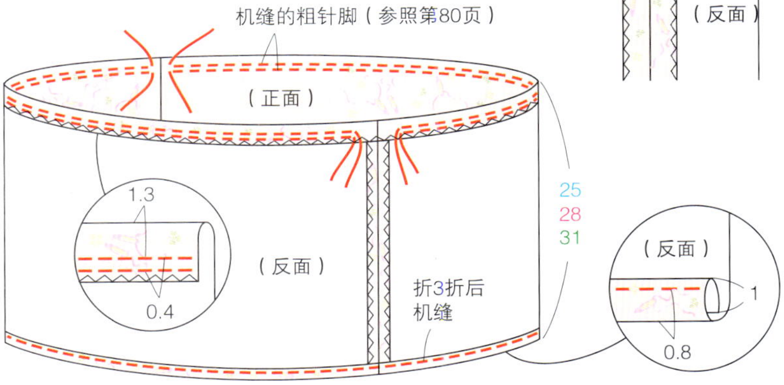

4 橡皮筋从腰间穿过。

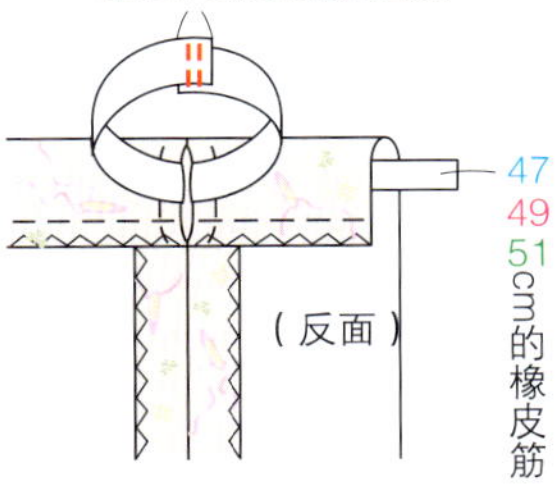

叠穿迷你裙

搭配裤子或打底裤，时下最流行的迷你短裙。下摆处的小荷叶边给人甜美可爱的感觉。

32

SEE PAGE
59

短裙尺寸 适合身高95~105cm
模特身高 101cm

33

SEE PAGE
59

短裙尺寸 适合身高105~115cm
模特身高 110cm

尺寸标记

上行 = 100cm（身高95~105cm）
中行 = 110cm（身高105~115cm）
下行 = 120cm（身高115~125cm）
只有一个数字时为通用部分

实物大纸样的裁剪方法

前、后侧中线剪去4cm。沿原来的下摆线平行裁剪后，再重新画出新的下摆线。

各部分使用实物大纸样A面（第2页1）的纸样

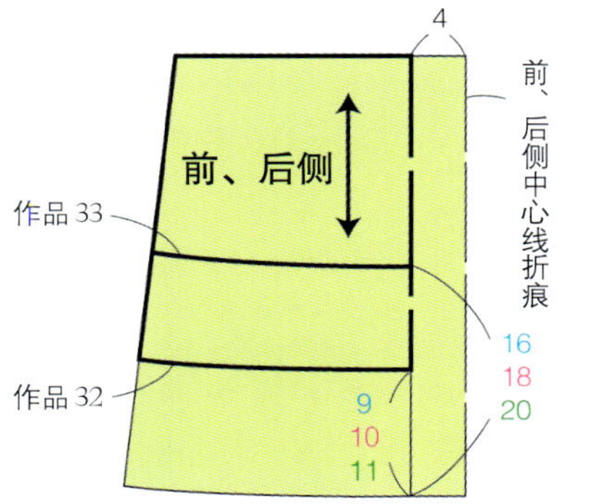

作品32的材料

表布（棉府绸） 宽92cm，长分别为80cm、80cm、90cm
橡皮筋（腰部） 宽1cm，长分别为50cm、50cm、60cm
♪荷叶边没有实物大纸样。直接在布料上画好后裁剪。
♪根据个人穿衣习惯调整橡皮筋的长度。

作品33的材料

表布（棉府绸） 宽92cm，长分别为40cm、40cm、60cm
其他布料（绢纱花边） 宽90cm、长40cm
橡皮筋（腰部）宽1cm，长分别为50cm、50cm、60cm
♪荷叶边A、B没有实物大纸样。直接在布料上画好后裁剪。
♪根据个人穿衣习惯调整橡皮筋的长度。

作品33表布的裁剪方法

○内的数字为缝份尺寸

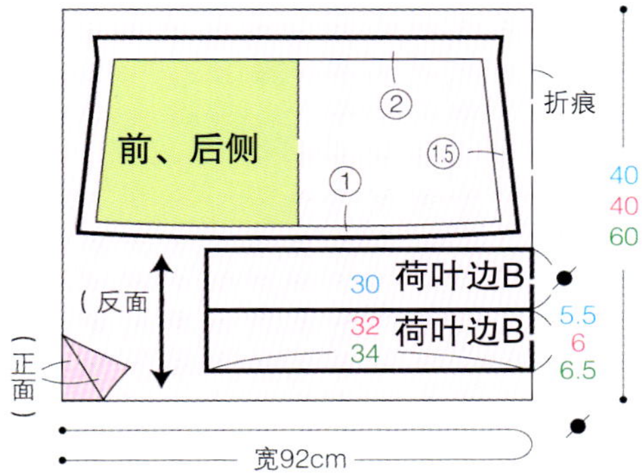

作品33其他布料的裁剪方法

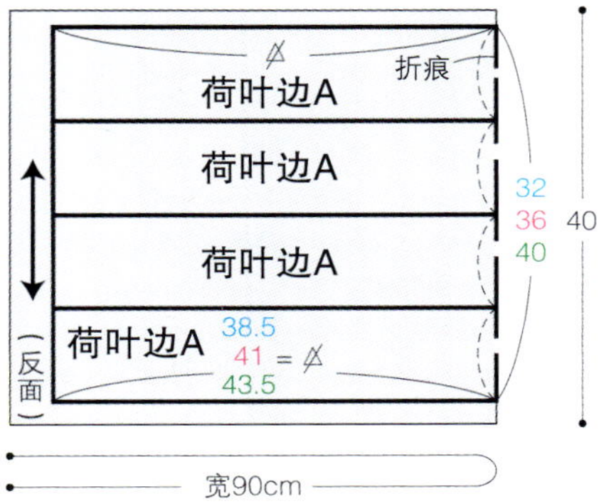

作品33 完成

（制作方法参照第55页）

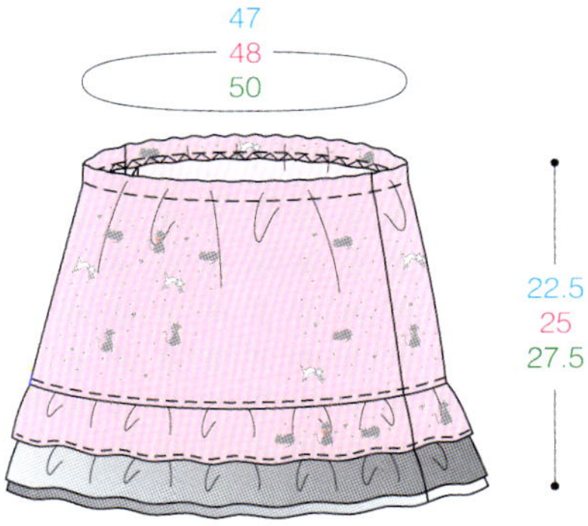

荷叶边A的制作方法

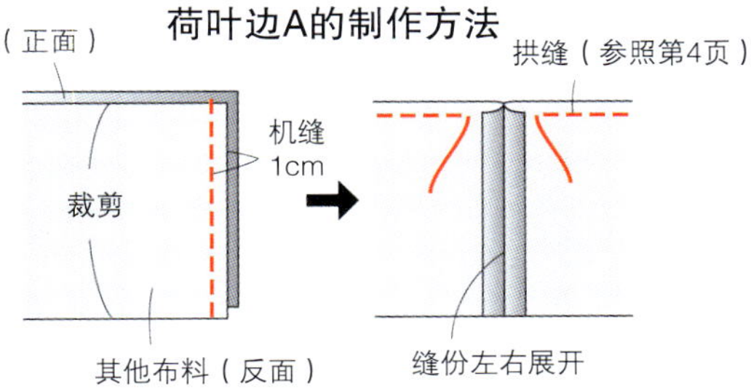

荷叶边B的制作方法

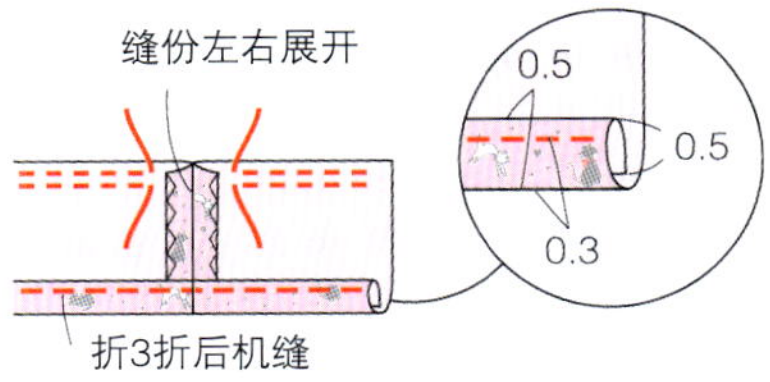

作品32表布的裁剪方法

○内的数字为缝份尺寸

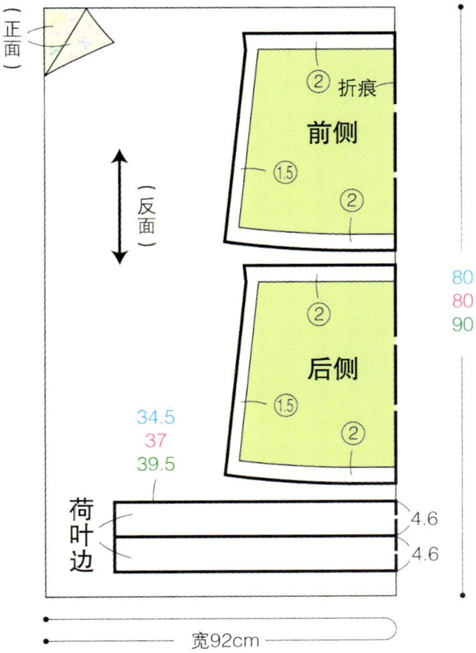

荷叶边A、B的拼接方法

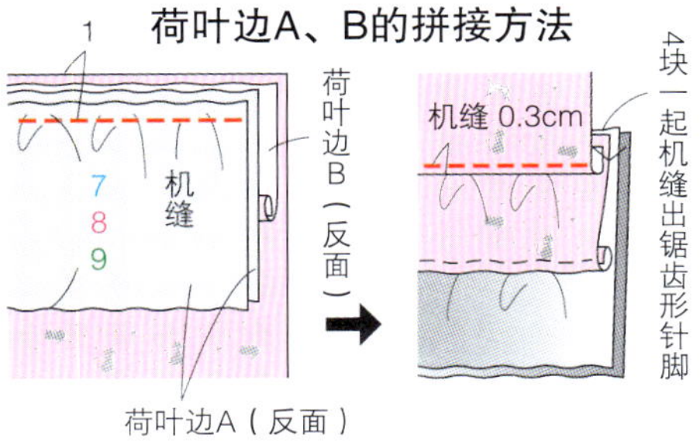

荷叶边的制作方法

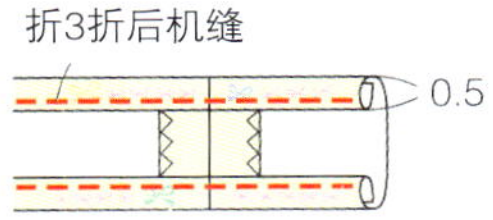

作品32完成

（制作方法参照第55页）

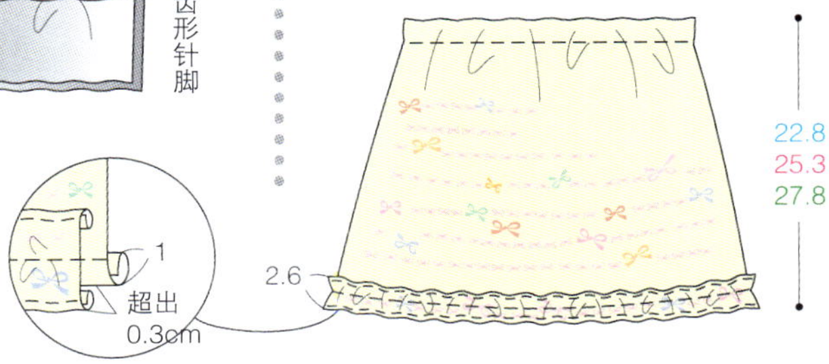

直筒男裤

34

SEE PAGE
76

裤子尺寸 适合身高105~115cm
模特身高 113cm

必备的基础款直筒五分裤，附有实物大纸样，即便是初学者也能轻松制作。

35

SEE PAGE
76

裤子尺寸 适合身高105~115cm
模特身高 113cm

全黑色的棉布制成，帅气休闲，长及脚踝的设计。口袋等细节处与作品34相同。

便于运动的褶皱裤

36
SEE PAGE
78

裤子尺寸 适合身高105~115cm
模特身高 113cm

这款设计非常适合好动的男孩。正面膝盖处加入褶皱，伸展弯曲都不受束缚！

37

SEE PAGE
78

裤子尺寸 身高105~115cm
模特身高 113cm

与作品36同款，但稍长一些。松松垮垮的设计，略带粗犷感的直筒裤。

暖暖的双面绒背心

39
SEE PAGE
65

背心尺寸 适合身高105~115cm
模特身高 113cm

38
SEE PAGE
65

背心尺寸 适合身高105~115cm
模特身高 108cm

前后各一块布块拼接而成的创意背心。没有领子、纽扣、拉链！短时间即可完成，春天到秋天都能穿着的款式。

第64页作品38

第64页作品39

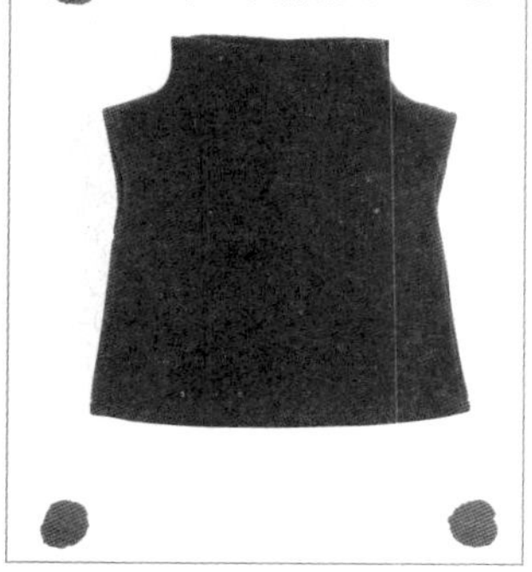

实物大纸样的调整方法

沿中心线垂直向上画线，呈直角，与肩线交叉，（仅前侧的领口线剪掉1.5cm）。延长肩线，重新画出袖口线。平行裁剪作品39的下摆，缩短长度。

各部分使用实物大纸样A面（第10页作品5）的纸样

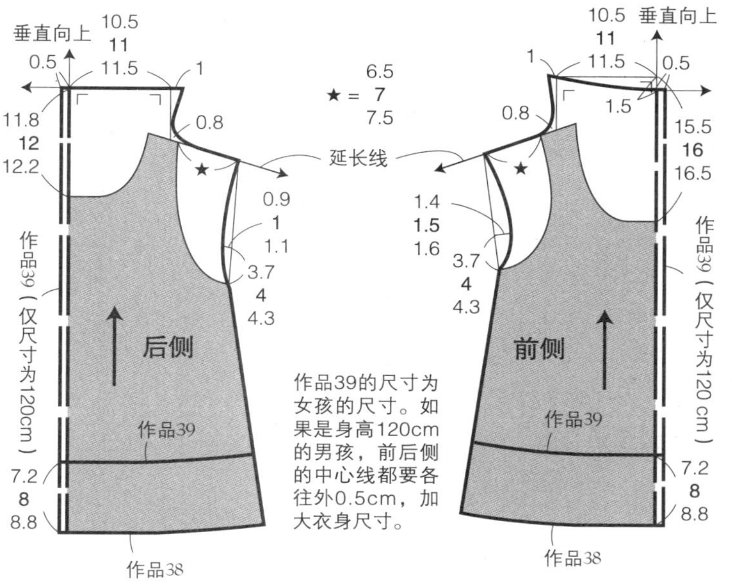

作品39的尺寸为女孩的尺寸。如果是身高120cm的男孩，前后侧的中心线都要各往外0.5cm，加大衣身尺寸。

作品38、39的材料（1件的用量）

作品38 表布（轻柔双面绒）宽130cm，长分别为 60cm、**60cm**、70cm

作品39表布（轻柔双面绒）宽130cm，长分别为 50cm、**50cm**、60cm

♪表布是起毛布料，需往同一方向裁剪。

作品38、39表布的裁剪方式

○内的数字为缝份尺寸

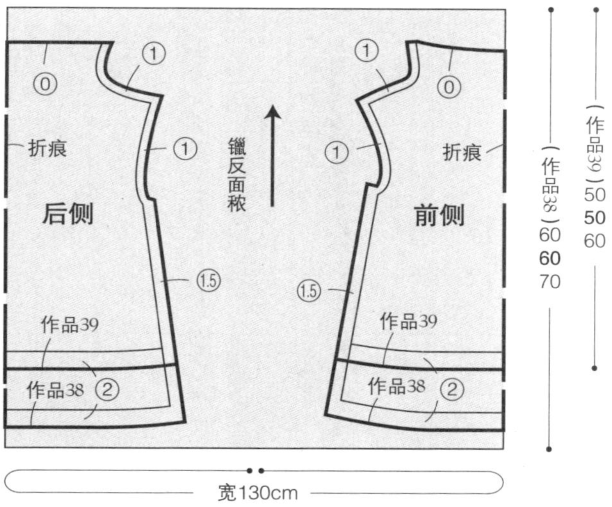

尺寸标记

上行 = 100cm（身高95~105cm）

中行 = 110cm（身高105~115cm）

下行 = 120cm（身高115~125cm）

只有一个数字时为通用部分

1 缝出肩线。

2 缝出侧边线。

3 缝袖口。

4 缝出下摆线。

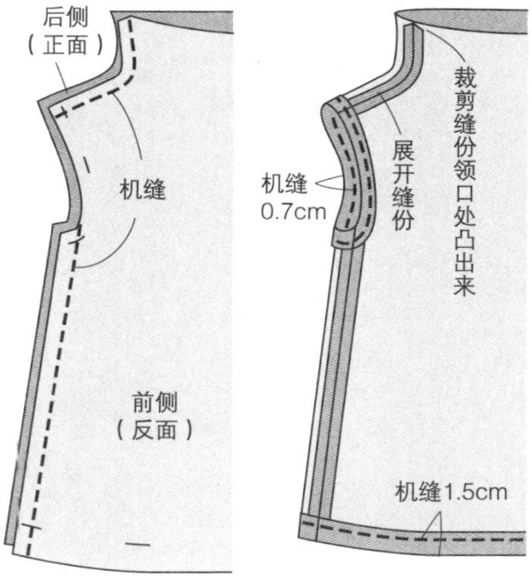

作品38 完成

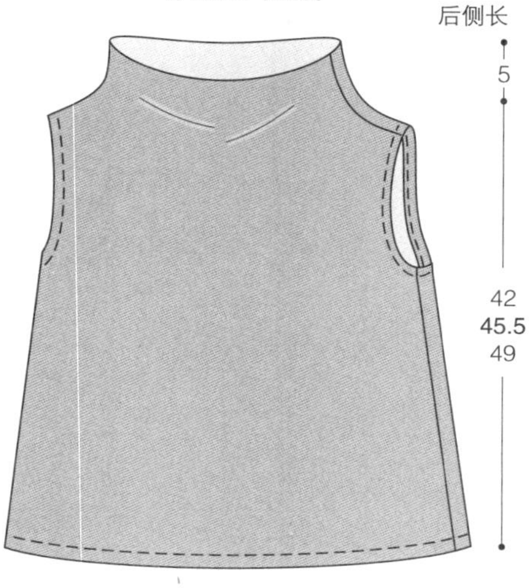

作品39 完成

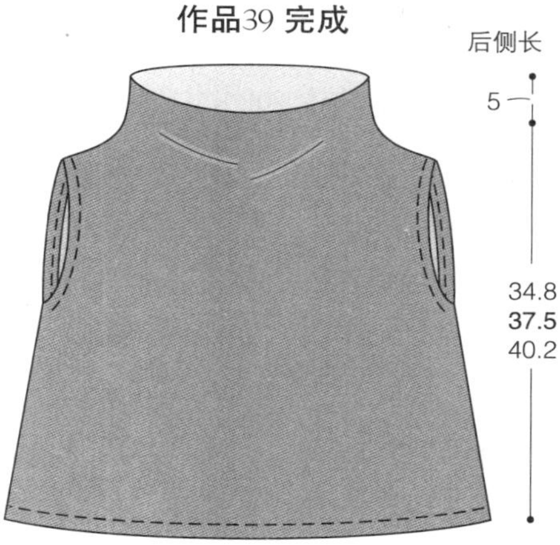

*双面绒属不易散开的布料，缝份裁剪后直接使用即可。

作品2的材料

表布（提花布）宽114cm，长分别为40cm、**60cm**、70cm
棉质褶皱花边（下摆）宽5.5cm，长分别为110cm、**120cm**、130cm
橡皮筋（腰部）宽1cm，长分别为50cm、**50cm**、60cm
♪没有实物大纸样。
♪根据个人穿衣习惯调整橡皮筋的长度。

表布的裁剪方法

裁剪方法中已包含缝份尺寸
（尺寸为100cm）

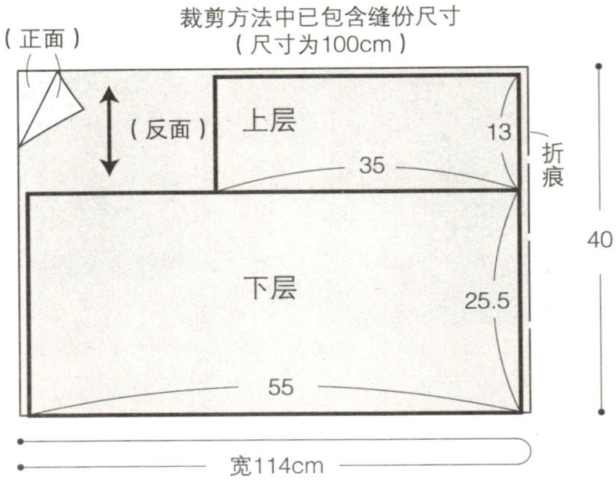

（尺寸**110cm**、120cm）
裁剪方法中已包含缝份尺寸

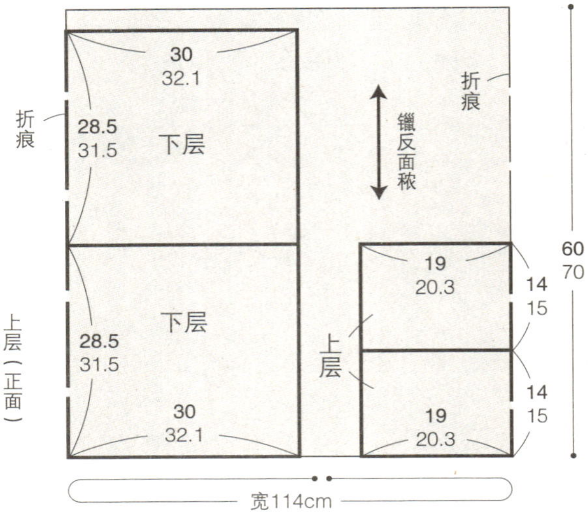

1 缝上层。

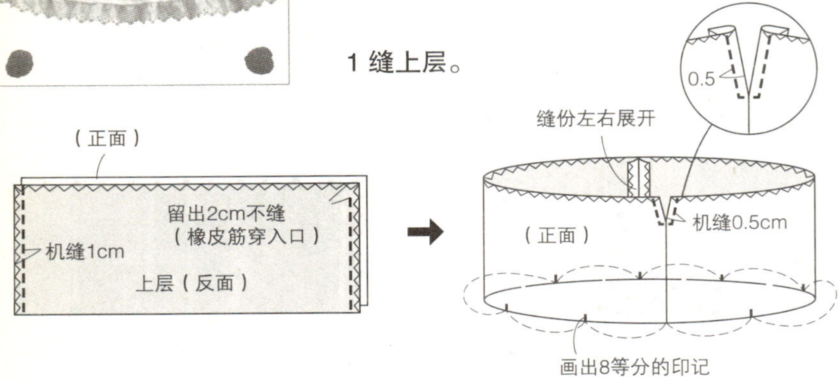

2 缝下层。

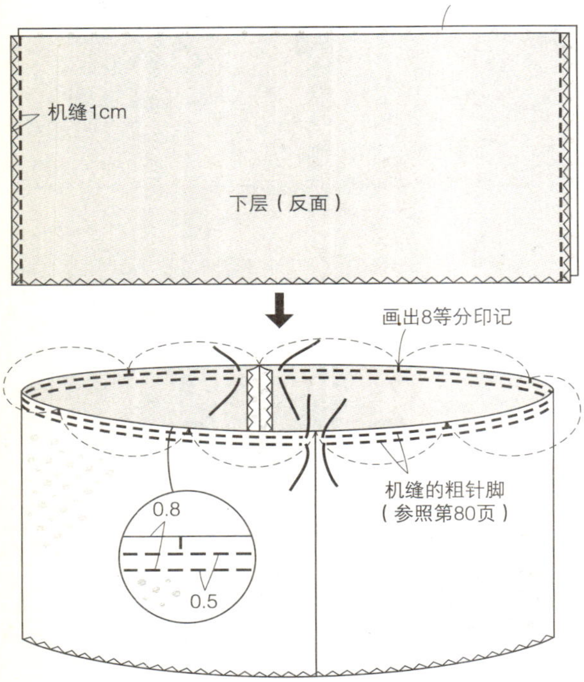

3 缝合上、下层。

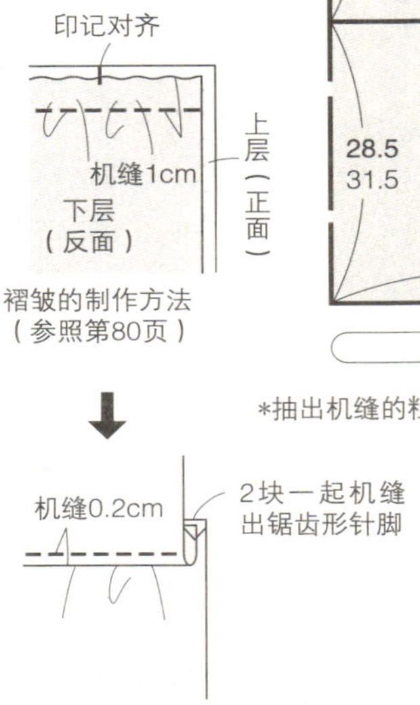

*抽出机缝的粗针脚。

尺寸标记
上行＝100cm（身高95~105cm）
中行＝110cm（身高105~115cm）
下行＝120cm（身高115~125cm）
只有一个数字时为通用部分

4 缝腰部。
5 棉质褶皱花边缝到下摆处。

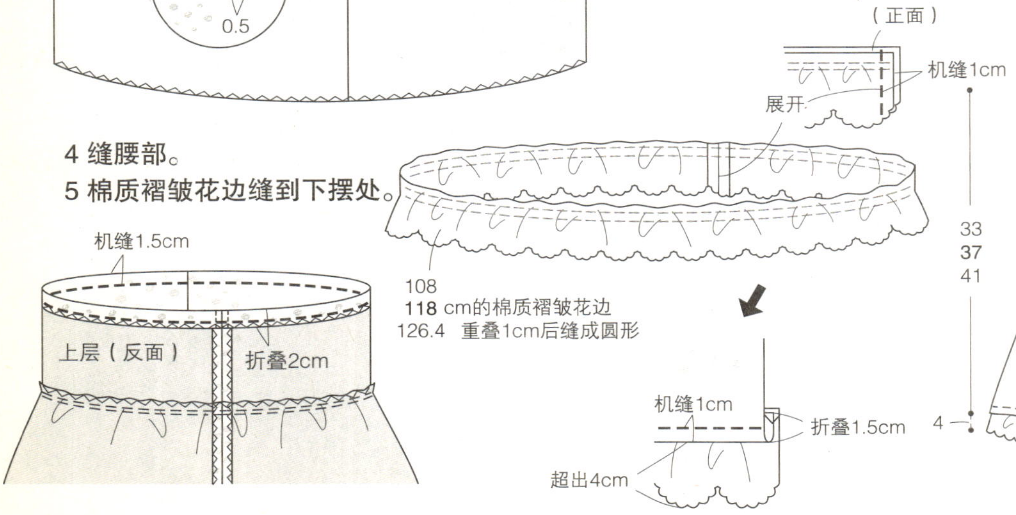

完成

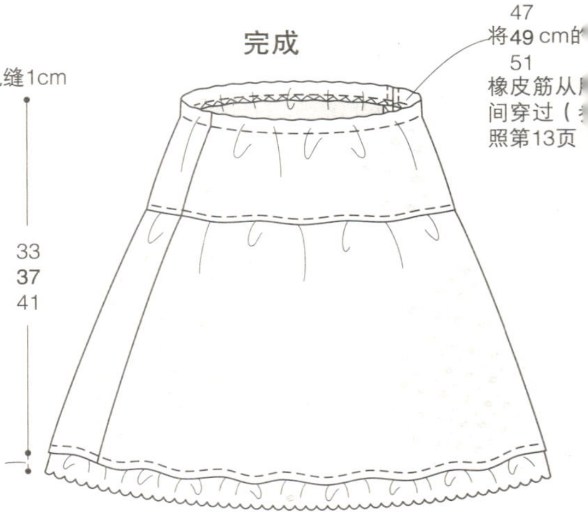

作品6的材料

表布（灯芯绒）宽110cm，长分别为80cm、**80cm**、90cm
A布（混纺、方格）宽90cm、长20cm
B布（棉质、小碎花）宽90cm、长10cm
C布（棉质、圆点）宽90cm、长10cm
橡皮筋（腰部） 宽1cm，长分别为50cm、**50cm**、60cm
♪表布为起毛布料，需往同一方向裁剪。
♪下摆布没有实物大纸样。直接在布料上画好后裁剪。
♪根据个人穿衣习惯调整橡皮筋的长度。

尺寸标记

上行＝100cm（身高95~105cm）
中行＝110cm（身高105~115cm）
下行＝120cm（身高115~125cm）
只有一个数字时为通用部分

实物大纸样的调整方法

上裆线与下摆线沿直线方向交叉后延长至指定的尺寸位置。然后再从此位置向下画线呈直角，重新画出下摆线。
下裆线处重新画出弧线。

各部分使用实物大纸样A面（第10页作品5）的纸样

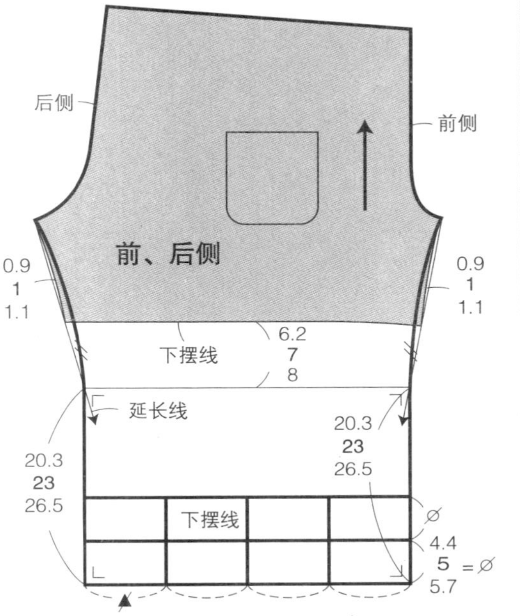

表布的裁剪方法

○内的数字为缝份尺寸

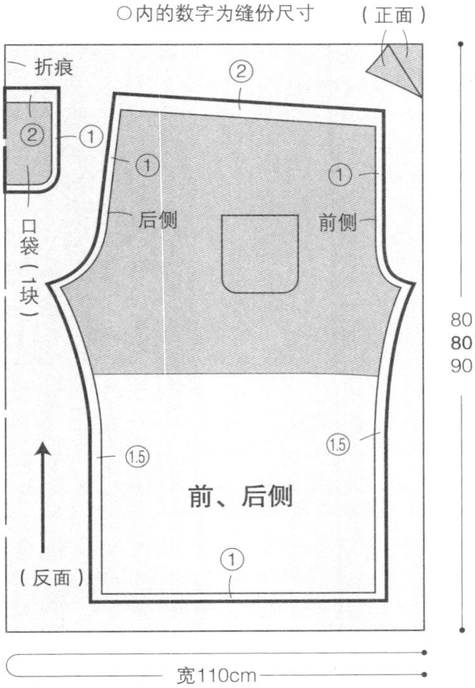

下摆布的组合方法

右裤腿

A	C	A	C
B	A	B	A

左裤腿

C	A	C	A
A	B	A	B

A布的裁剪方法

B布的裁剪方法

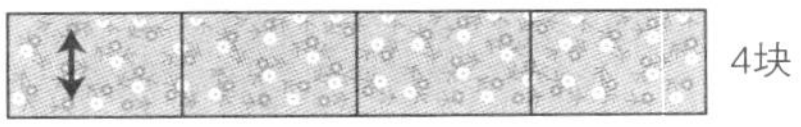

C布的裁剪方法

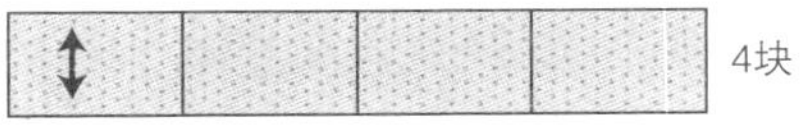

8块下摆布缝合

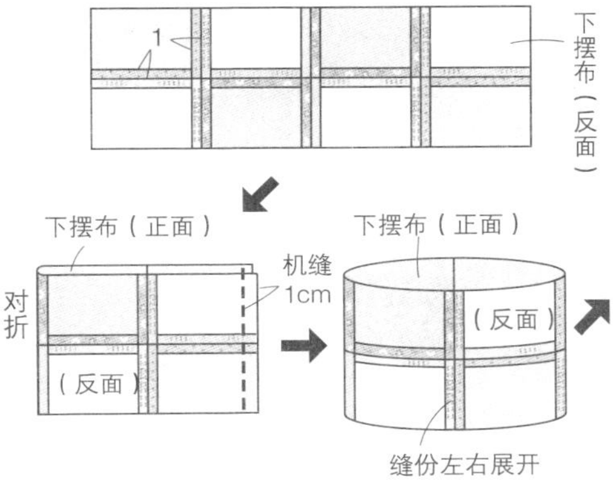

下摆布的拼接方法

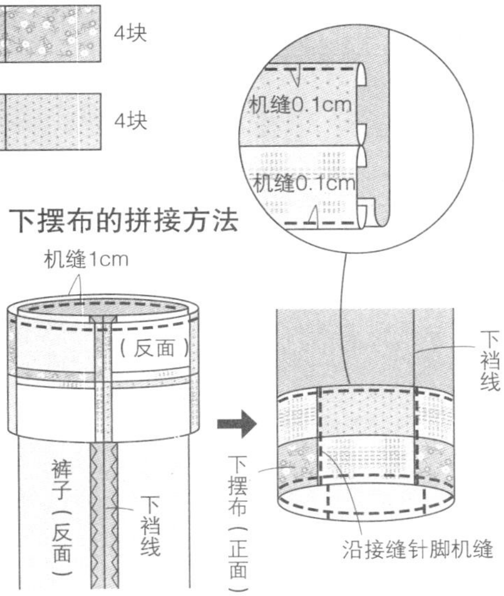

完成

（制作方法参照第12、13页）

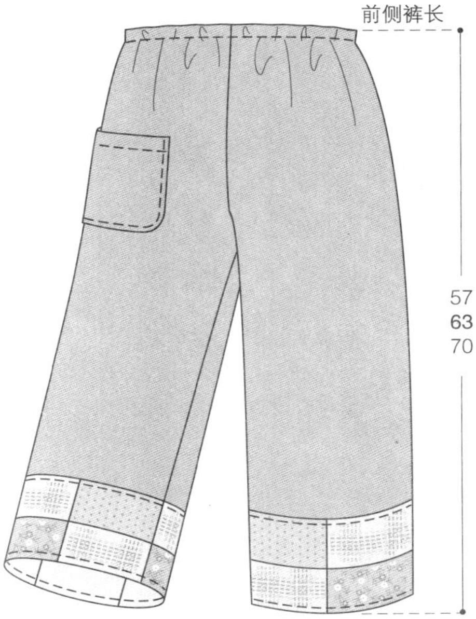

作品9的材料

表布（法兰绒/起毛先染布料）宽114cm，长分别为70cm、**80cm**、90cm
黏合衬（贴边）宽90cm、长20cm
直径1.5cm的纽扣 1颗
*布圈没有实物大纸样。直接在布料上画好后裁剪。

尺寸标记

上行＝100cm（身高95~105cm）
中行＝110cm（身高105~115cm）
下行＝120cm（身高115~125cm）
只有一个数字时为通用部分

各部分使用实物大纸样B面（第18页9）的图样

表布的裁剪方法

○内的数字为缝份尺寸

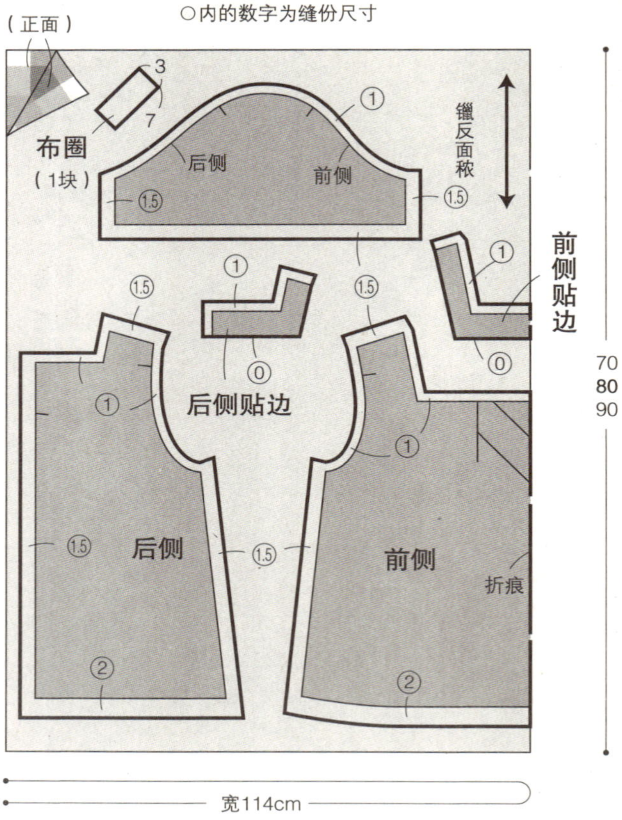

1 缝出后侧中心线。

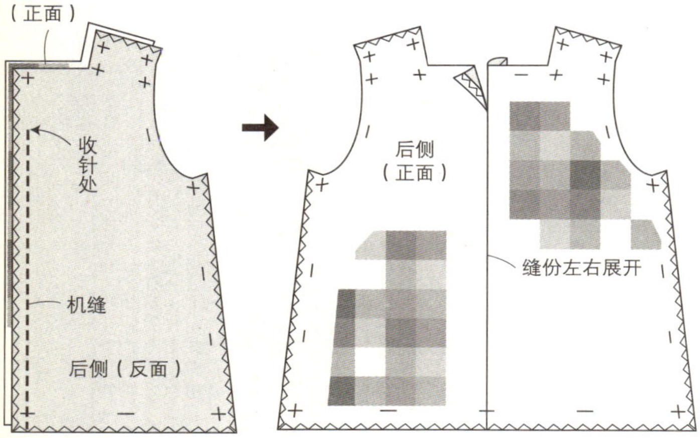

2 折出褶皱，缝出肩线。

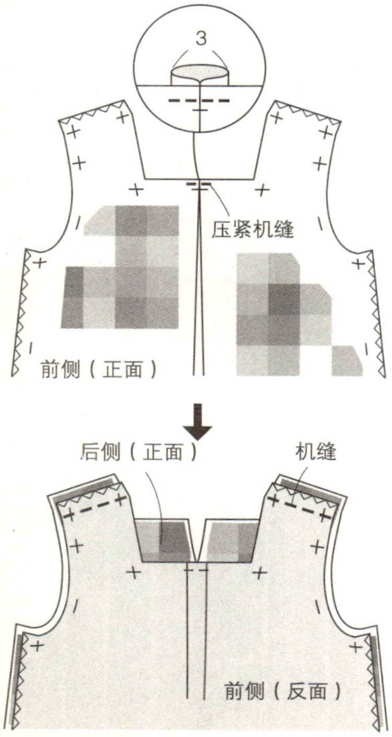

3 制作布圈。

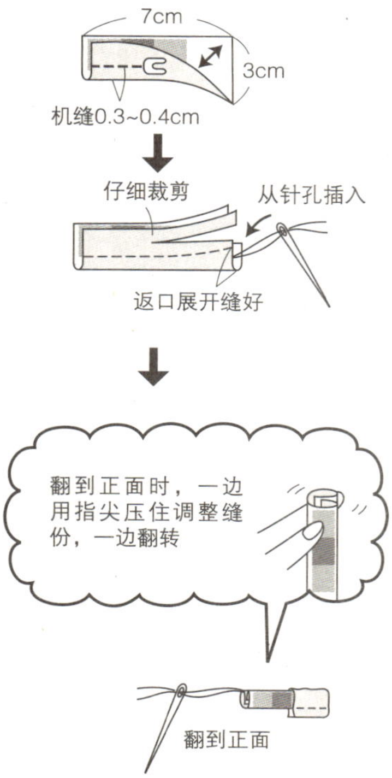

4 制作贴边。

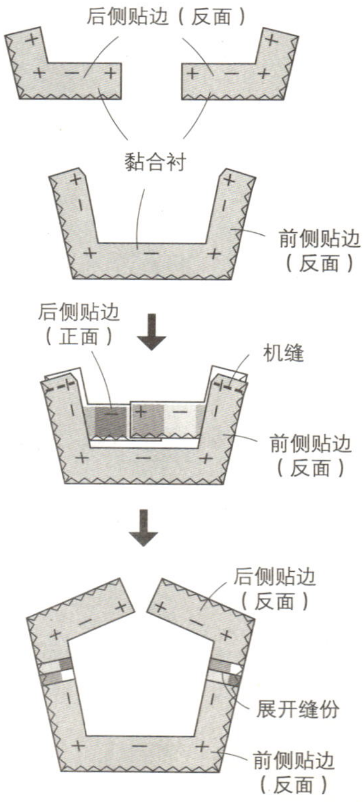

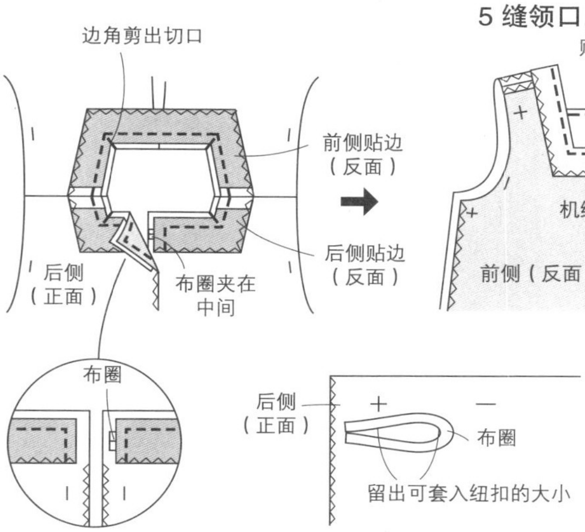

5 缝领口。

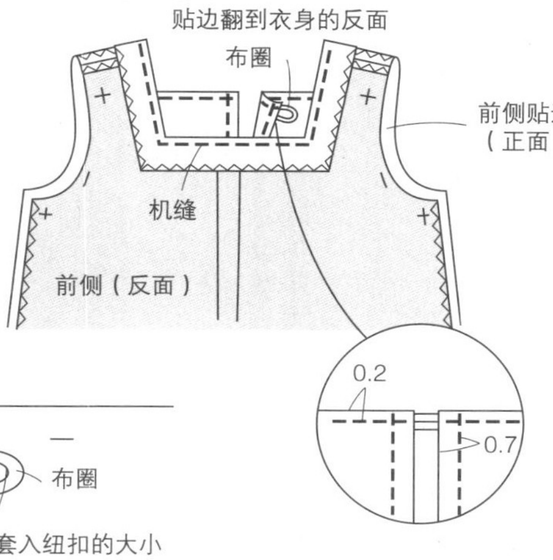

6 缝出侧边线。

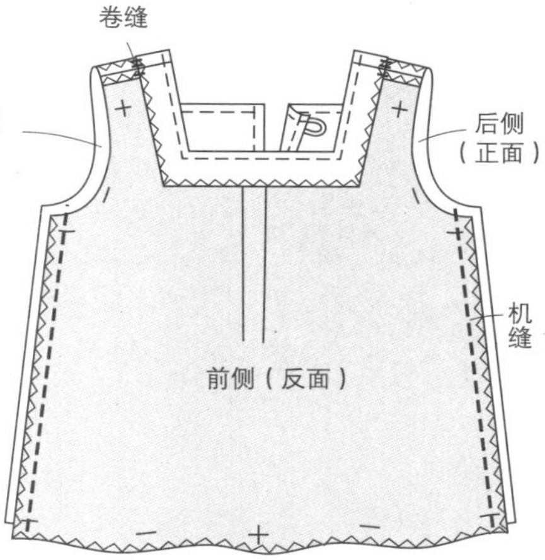

7 缝出下摆线。

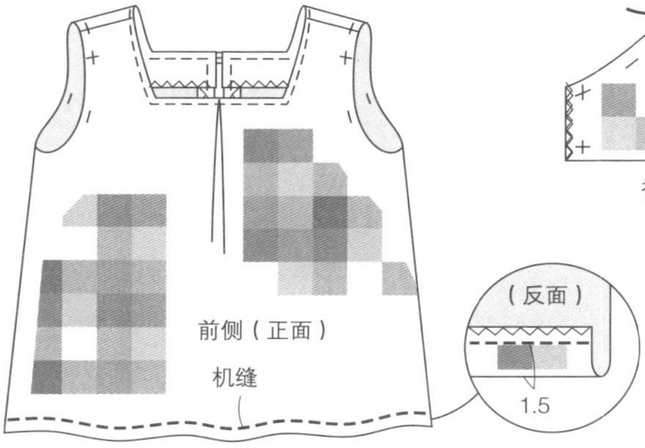

8 制作袖子，拼接缝好。

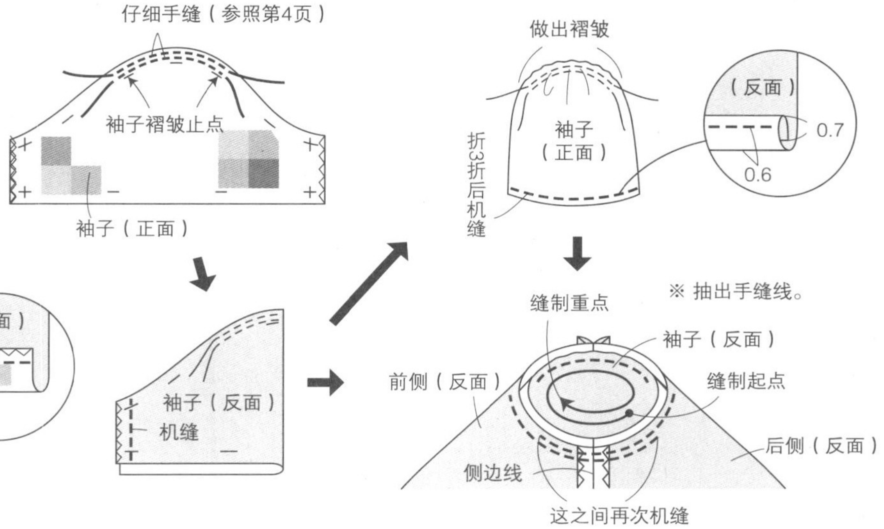

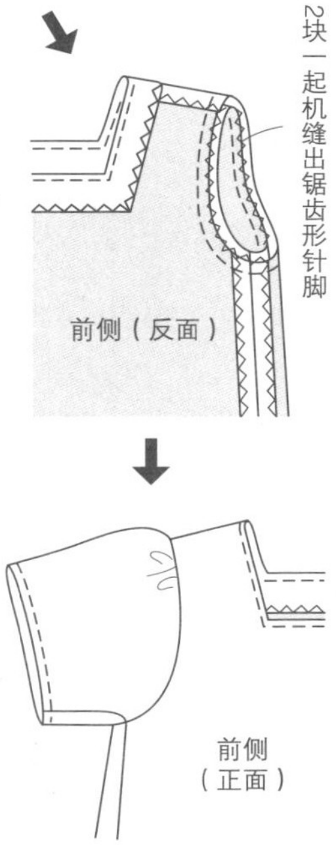

9 缝纽扣。

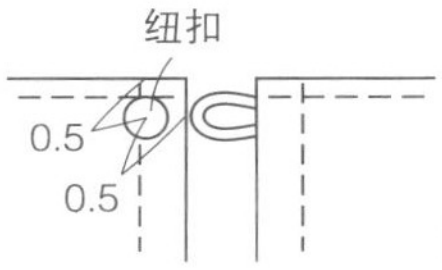

完成

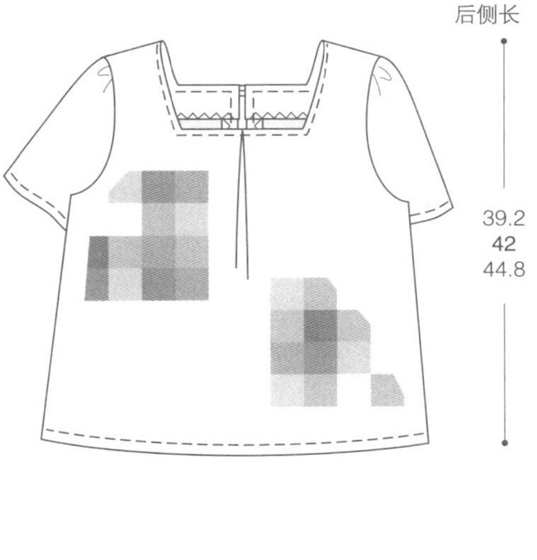

布料颜色和线的选择

[深色布料]

比布料的颜色略深

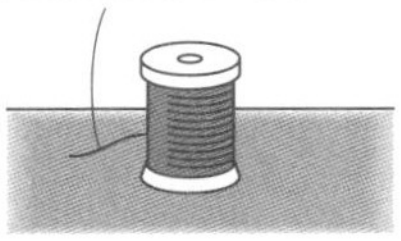

[浅色布料]

比布料颜色略浅

[多色布料]

线的颜色选择同色系

第19页作品10

作品10的材料

表布（法兰绒/起毛先染布料）宽114cm，长分别为90cm、**90cm**、100cm
黏合衬（贴边）宽90cm、长20cm
直径1.5cm的纽扣 1颗
绫绸缎（腰部）宽2cm，长分别为60cm、**60cm**、70cm
圆绳 粗0.4cm、长120cm
绳带固定扣 2颗
*斜裁布条、布圈没有实物大纸样，直接在布料上画好后裁剪。

实物大纸样的调整方法

与前侧中心线平行裁剪3cm，下摆线平行延伸加长。肩头剪掉1cm，重新画出袖口线。腰部拼接绫绸缎的位置做出印记。

各部分使用实物大纸样B面（第18页作品9）的纸样

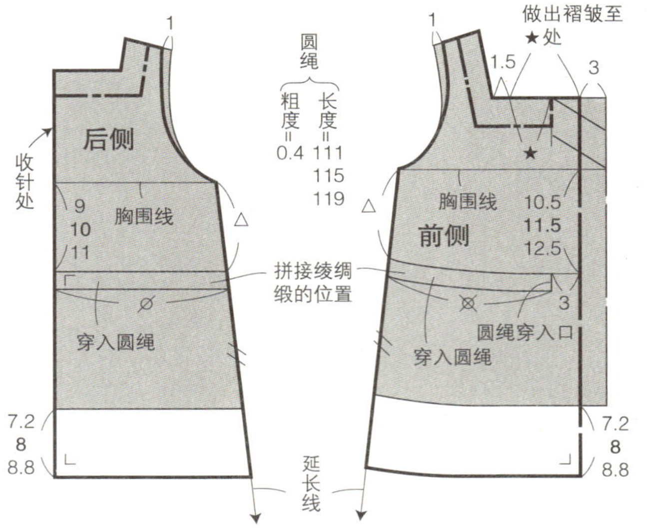

肩线的缝法

尺寸标记
上行＝100cm（身高95~105cm）
中行＝110cm（身高105~115cm）
下行＝120cm（身高115~125cm）
只有一个数字时为通用部分

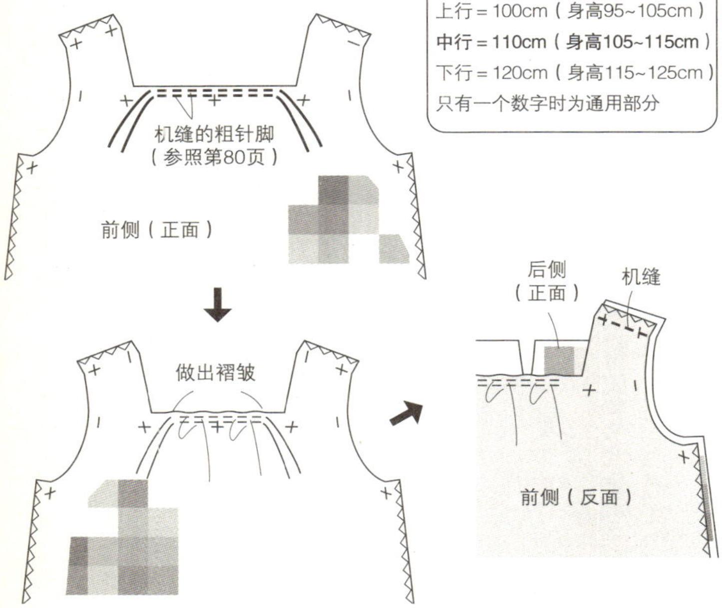

处理袖口

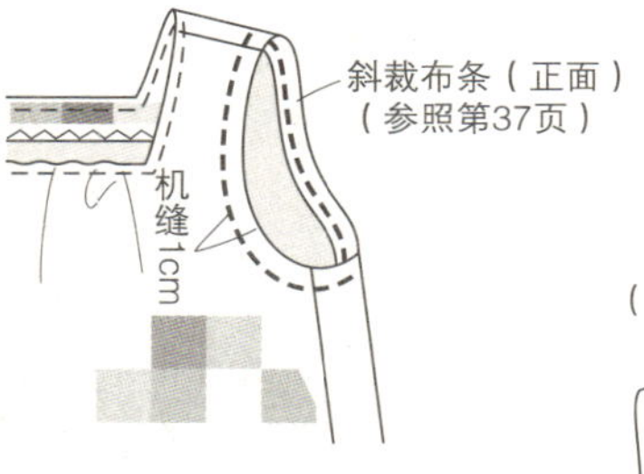

绫绸缎的拼接方法

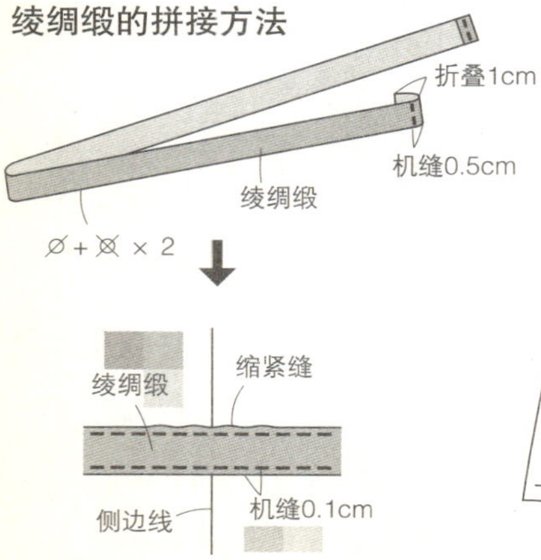

完成

（制作方法参照第68、69页）

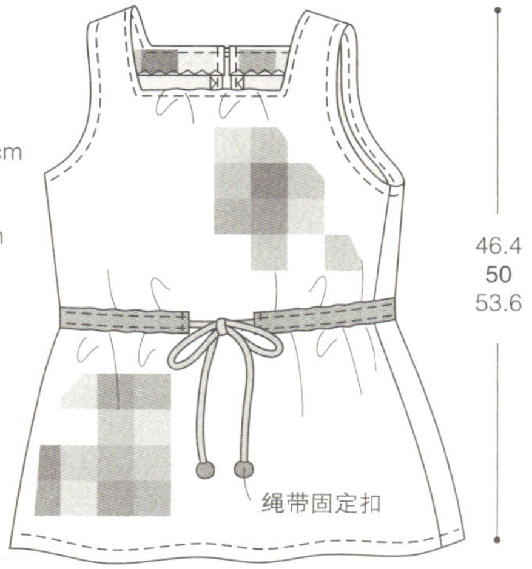

表布的裁剪方法

○内的数字为缝份尺寸

*斜裁布条准备长一些，之后再按各部分的尺寸需要将多余的部分剪掉。

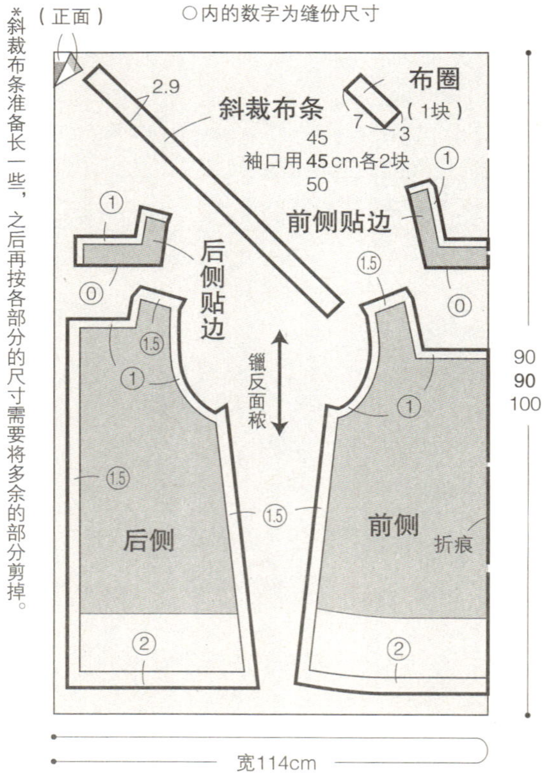

作品14的材料

表布（提花布）宽114cm，长分别为60cm、**60cm**、70cm
棉质褶皱花边（下摆）宽4.2cm，长分别为90cm、**100cm**、110cm
橡皮筋（腰部）宽1cm，长分别为50cm、**50cm**、60cm
♪根据个人穿衣习惯调整橡皮筋的长度。

尺寸标记

上行＝100cm（身高95~105cm）
中行＝110cm（身高105~115cm）
下行＝120cm（身高115~125cm）
只有一个数字时为通用部分

实物大纸样的调整方法

沿下裆线垂直向下延长长度，重新画出下摆线。

各部分使用实物大纸样A面（第10页作品5）的图样

表布的裁剪方法

○内的数字为缝份尺寸

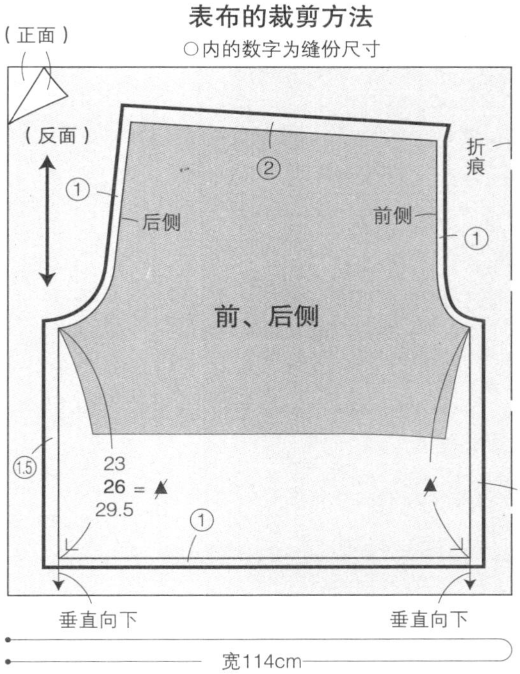

1 缝出下裆线。

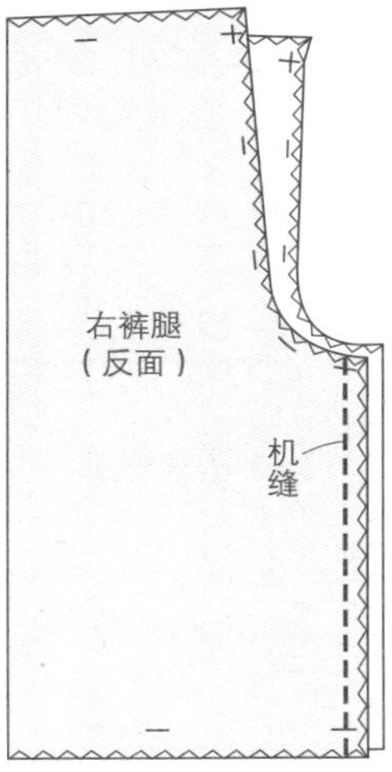

*左裤腿的缝法相同。

2 缝出上裆线。

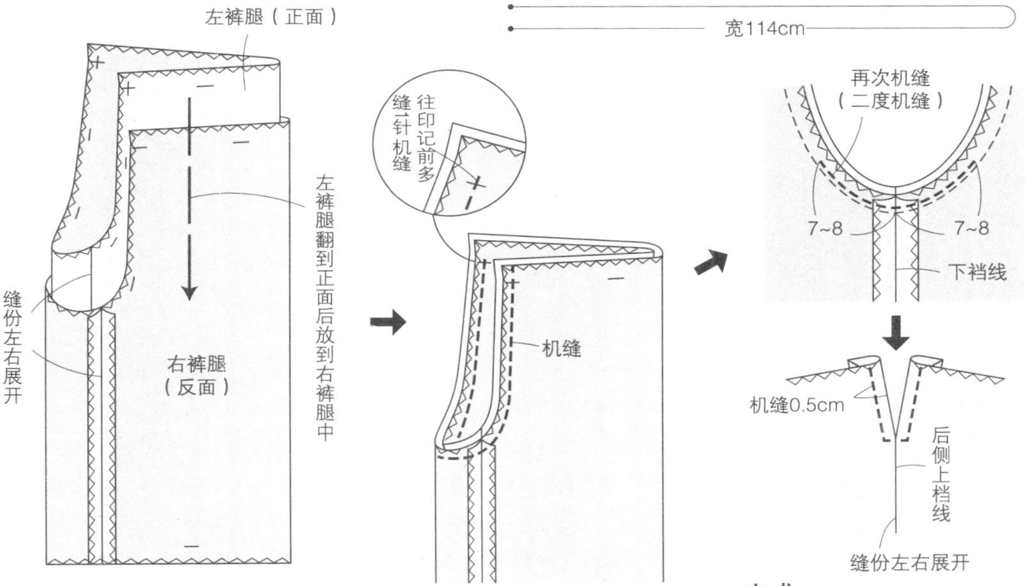

3 缝腰部。

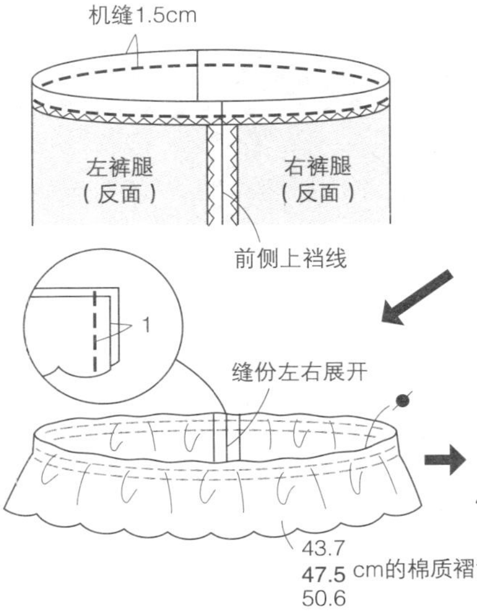

4 棉质褶皱花边缝到下摆处。

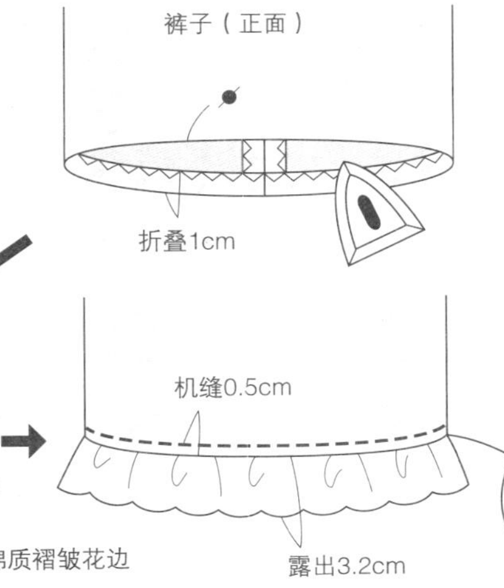

5 橡皮筋从腰间穿过。

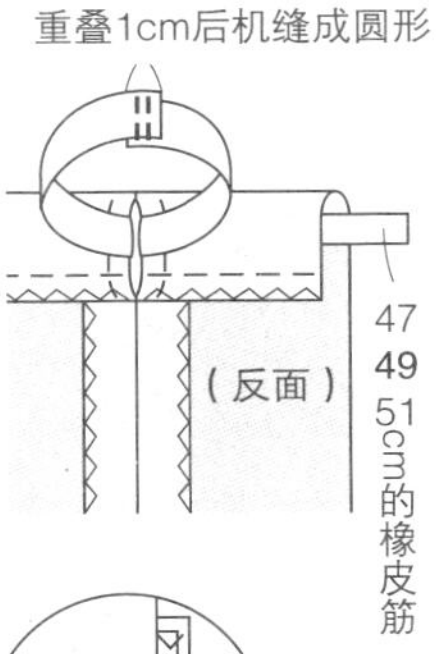

完成

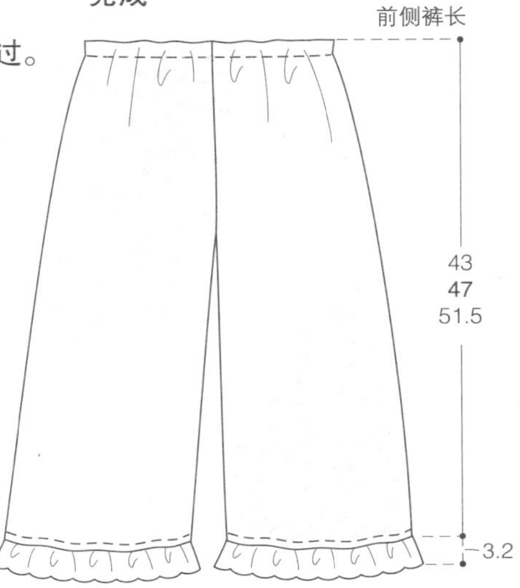

第28页作品15

作品15的材料

表布（多色漂染布料/CR3700-10）宽108cm，长分别为80cm、**90cm**、90cm

♪肩带、下摆布没有实物大纸样。直接在布料上画好后裁剪。

♪表布为多色漂染布料，但可以当做普通布料来估量。

各部分使用实物大纸样A面（第29页作品16）的纸样

表布的裁剪方法

○内的数字为缝份尺寸

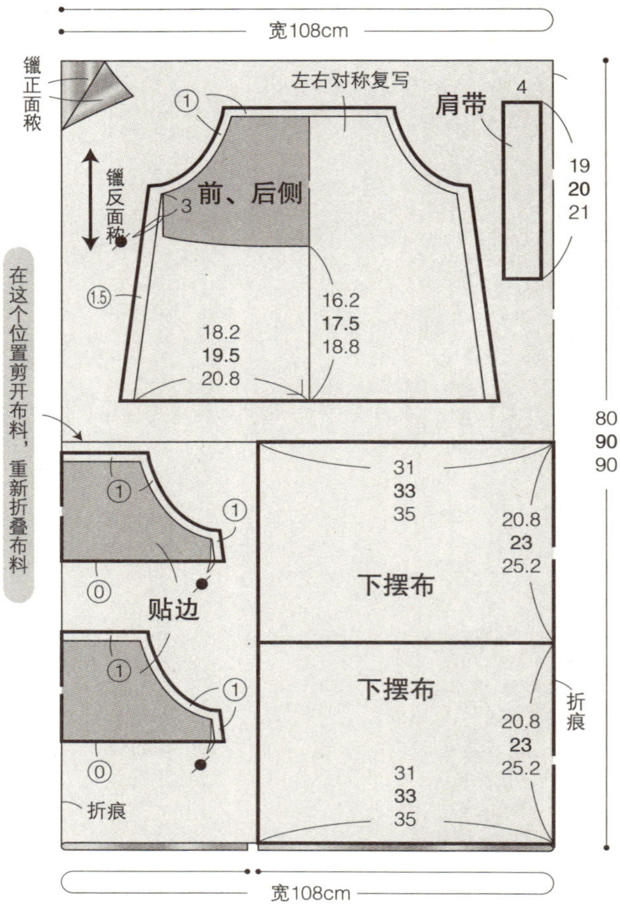

实物大纸样的调整方法

沿前、后中心线垂直向下延长，下摆线呈直角展开，重新画出侧边线。贴边也按同样的方法重新画出侧边线。

1~3的制作方法

（参照第73页）

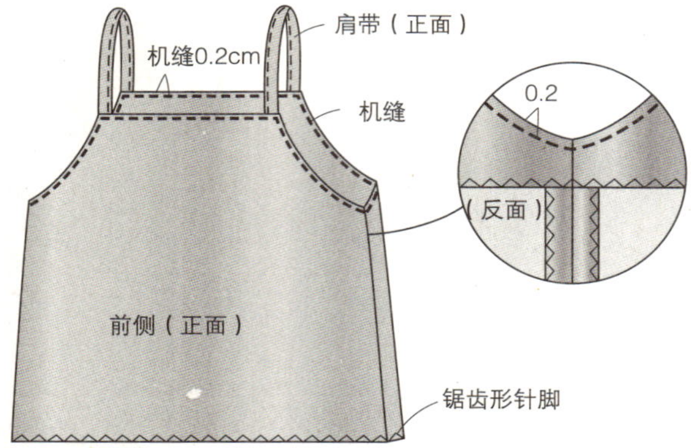

4 缝下摆布。

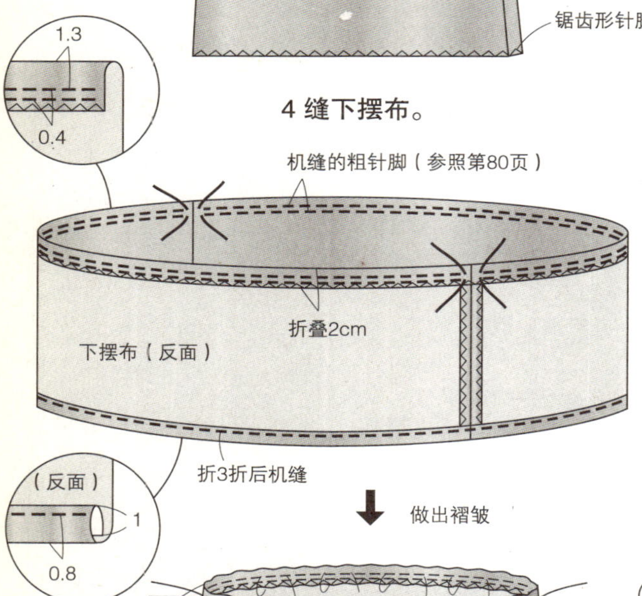

做出褶皱

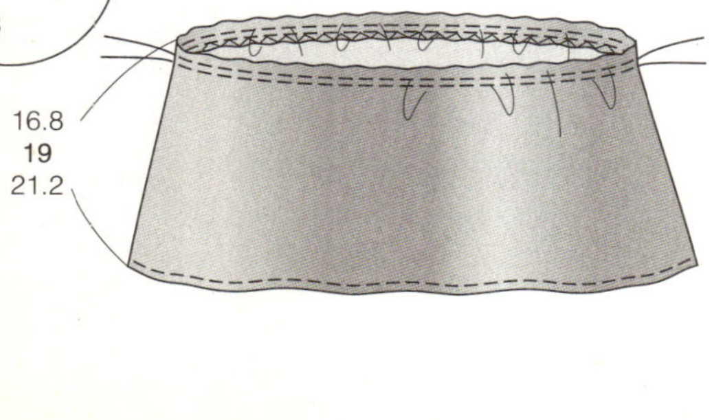

5 缝合衣身和下摆布。

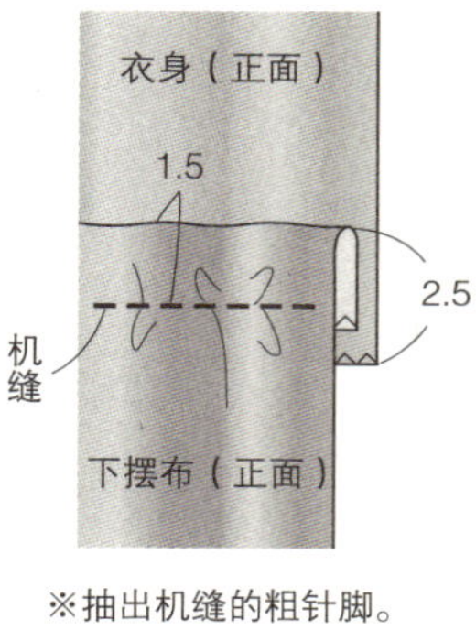

※抽出机缝的粗针脚。

完成

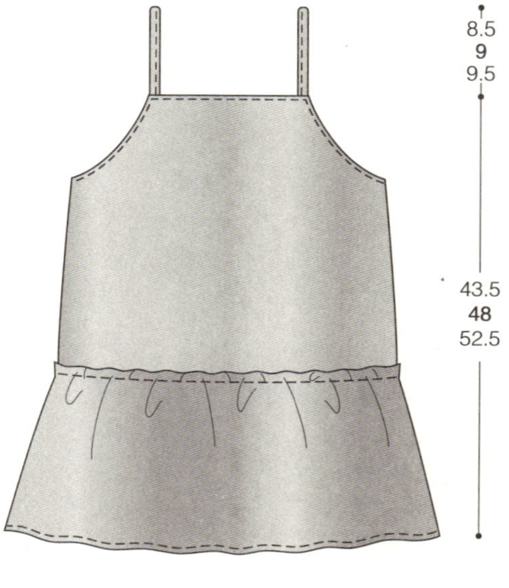

尺寸标记

上行＝100cm（身高95~105cm）

中行＝110cm（身高105~115cm）

下行＝120cm（身高115~125cm）

只有一个数字时为通用部分

第29页作品16

作品16的材料

表布（多色漂染布料）宽108cm，长分别为60cm、**60cm**、70cm

♪肩带、下摆布没有实物大纸样。直接画在布料上后裁剪。

♪表布为多色漂染布料，但可以当做普通布料来估量。

尺寸标记

上行＝100cm（身高95~105cm）

中行＝110cm（身高105~115cm）

下行＝120cm（身高115~125cm）

只有一个数字时为通用部分

各部分使用实物大纸样A面（第29页作品16）的纸样

表布的裁剪方法

○内的数字为缝份尺寸

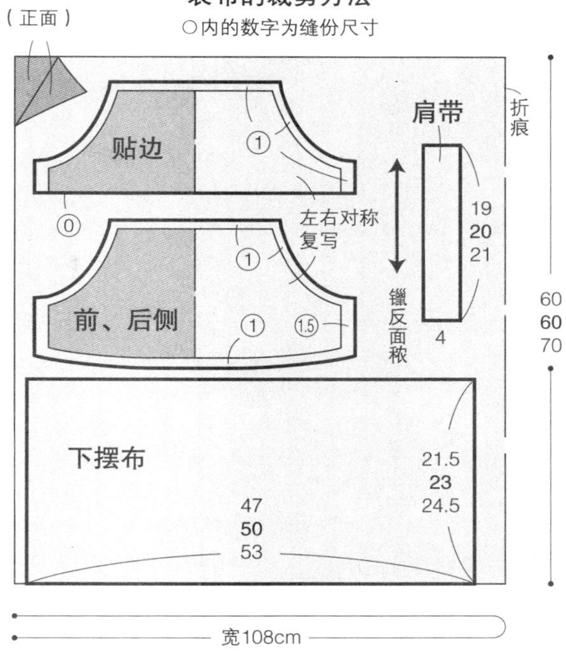

1 制作肩带。

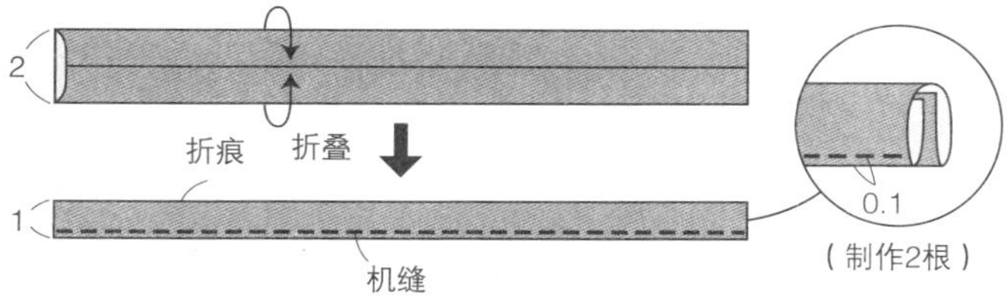

2 缝衣身。

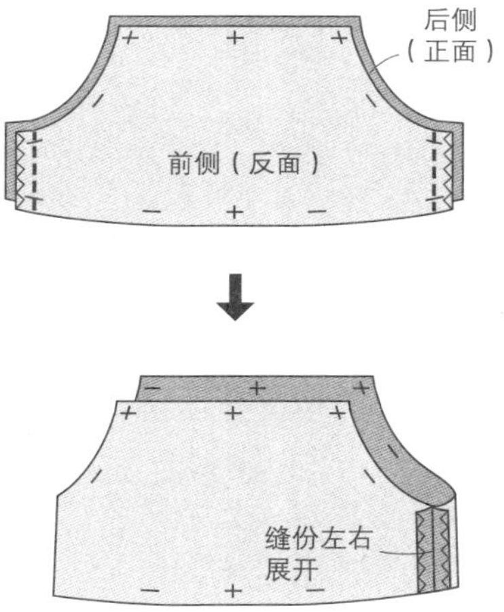

3 制作贴边，拼接缝好。

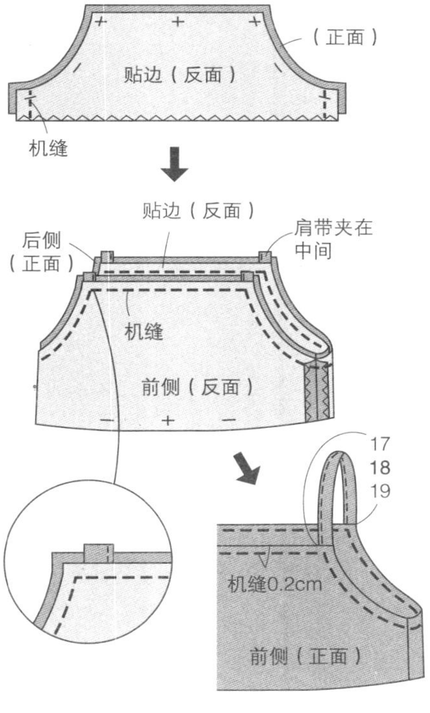

4 缝下摆布。

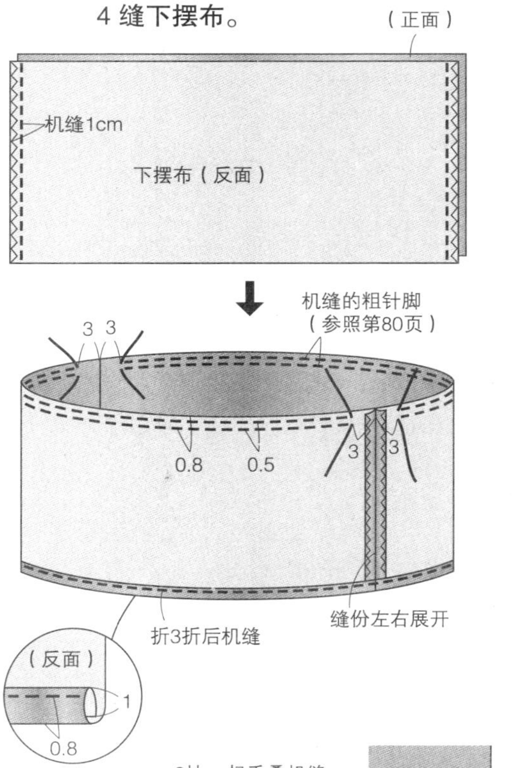

完成

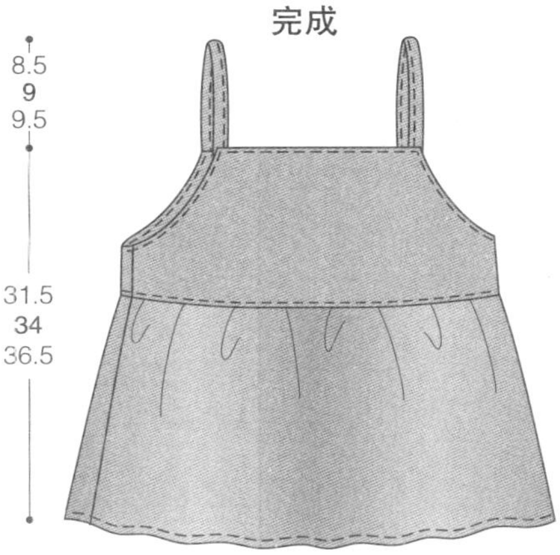

5 缝合衣身和下摆布。

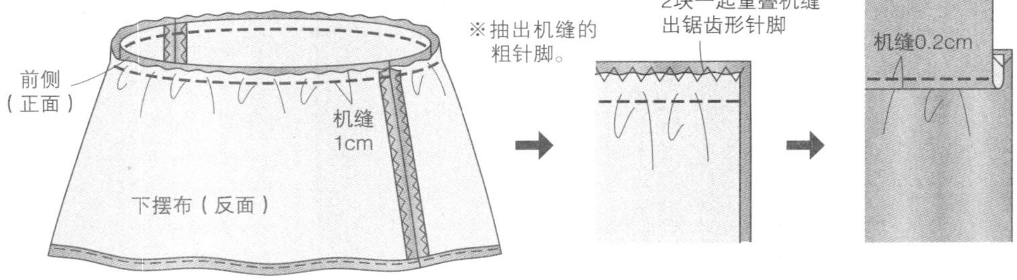

第44页作品24

第45页作品25

作品24、25的材料（1件的用量）

作品24表布（羊毛料）宽146cm，长分别为70cm、**70cm**、90cm
作品25表布（软乔其纱）宽146cm，长分别为70cm、**70cm**、90cm
其他布料（软绢纱花边）宽110cm，长分别为40cm、**50cm**、50cm
斜裁布条（领口、袖口）宽1.27cm，长分别为150cm、**150cm**、160cm
♪荷叶边A、B没有实物大纸样。直接画在布料上后裁剪。

尺寸标记

上行＝100cm（身高95~105cm）
中行＝110cm（身高105~115cm）
下行＝120cm（身高115~125cm）
只有一个数字时为通用部分

作品24、25表布的裁剪方法

○内的数字为缝份尺寸

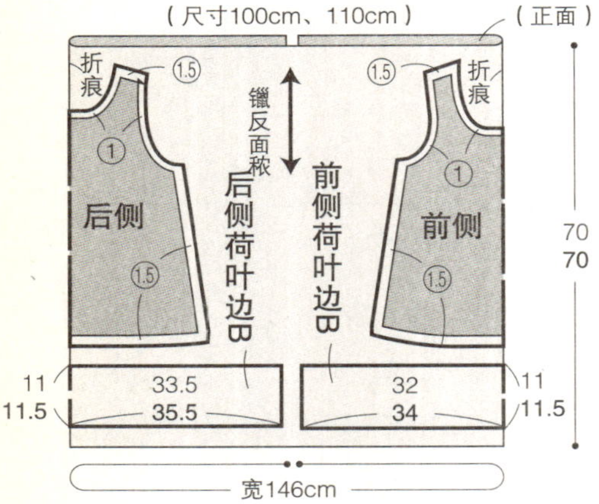

各部分使用实物大纸样B面（第44页作品24）的纸样

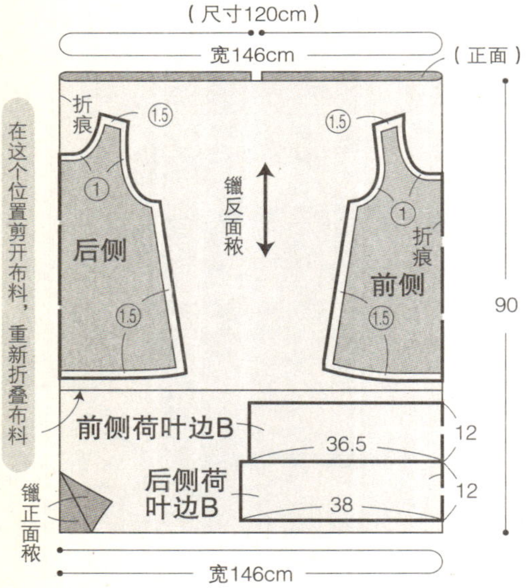

其他布料的裁剪方法

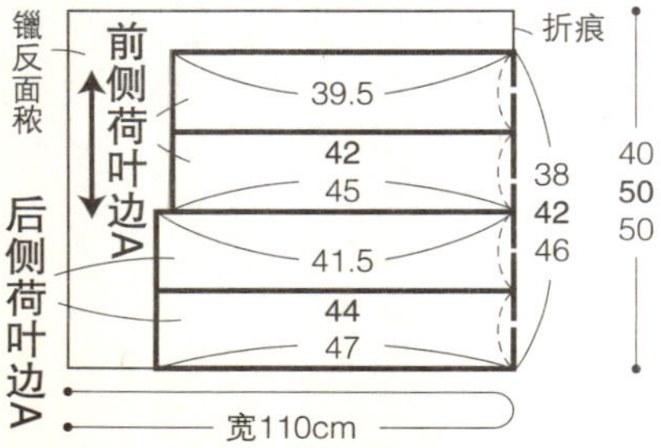

1 缝出肩线。

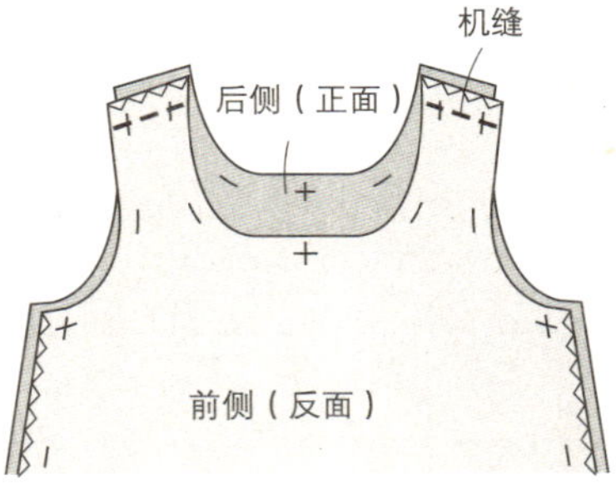

2 斜裁布条拼接缝到领口、袖口，再缝好领口。

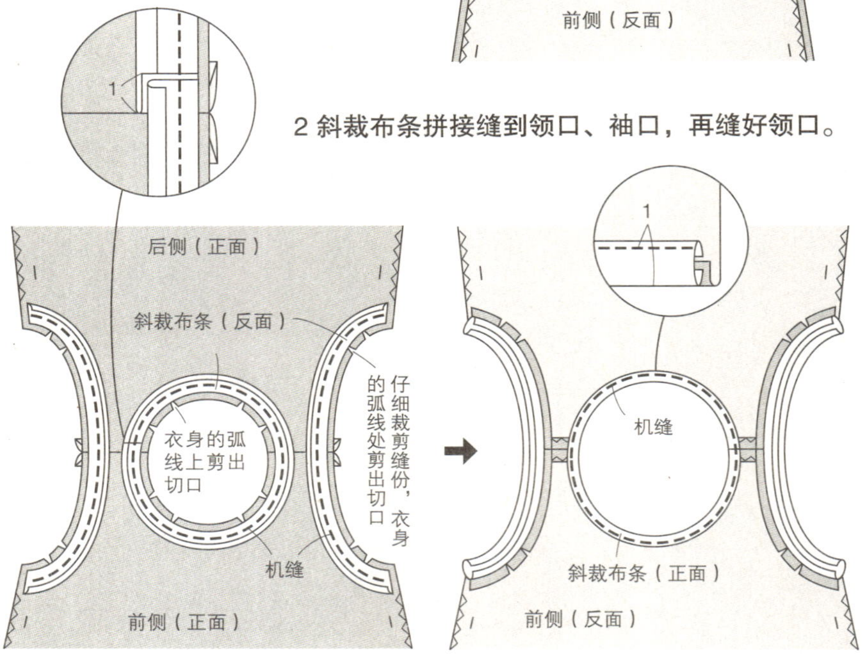

斜裁布条

种类

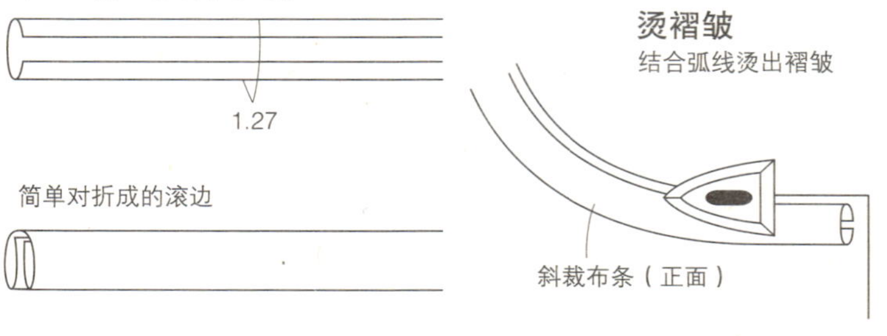

3 缝出侧边线，缝好袖口。

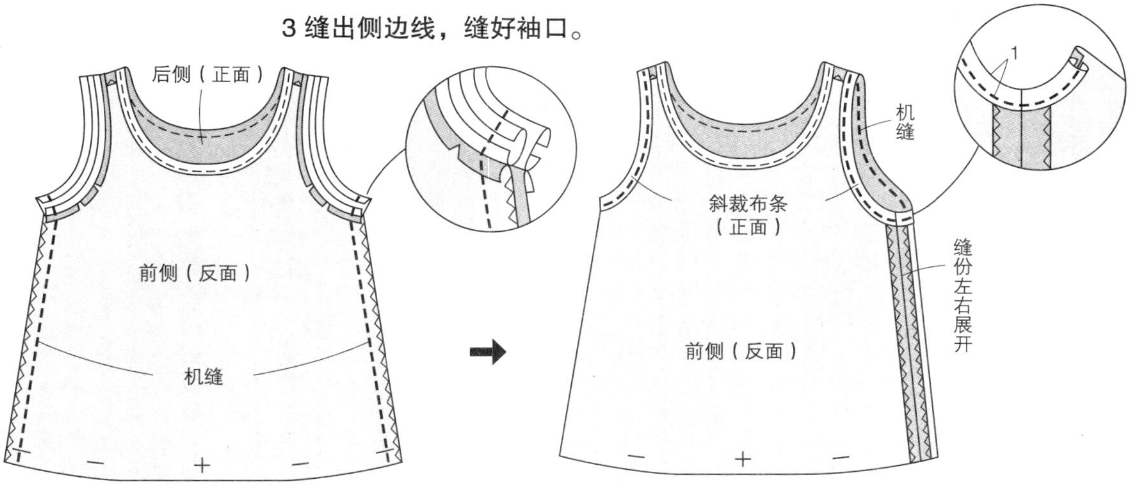

回针缝

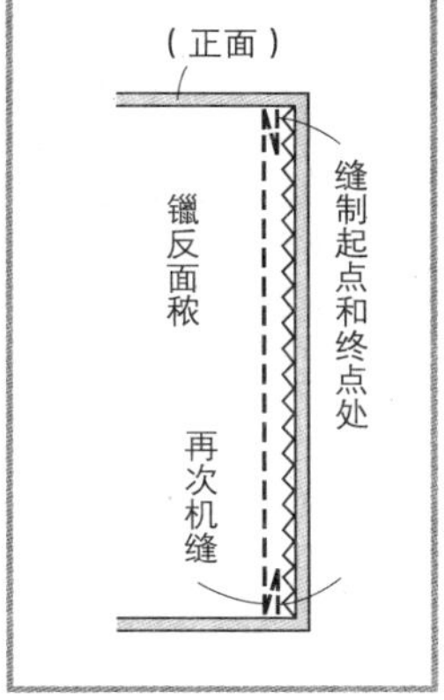

4 制作荷叶边A，拼接缝好。

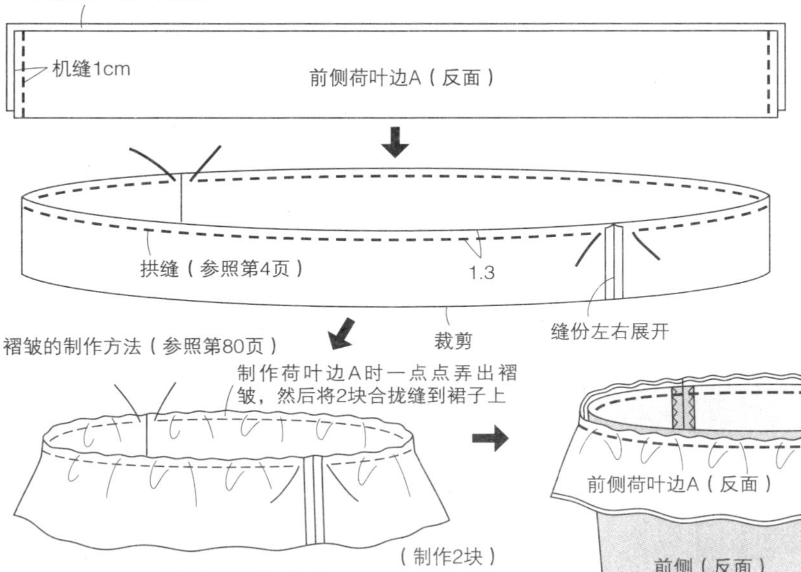

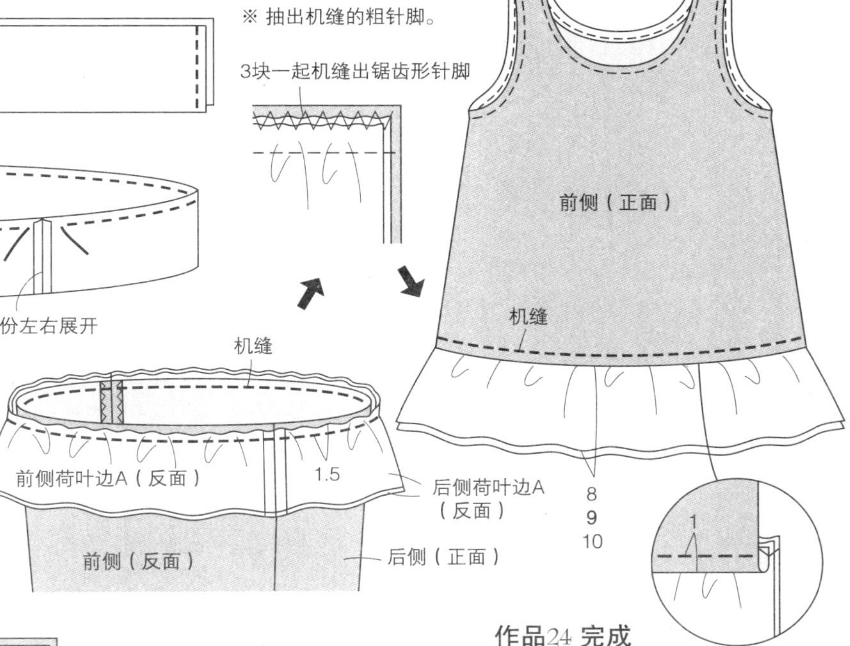

5 制作拼接荷叶边B。

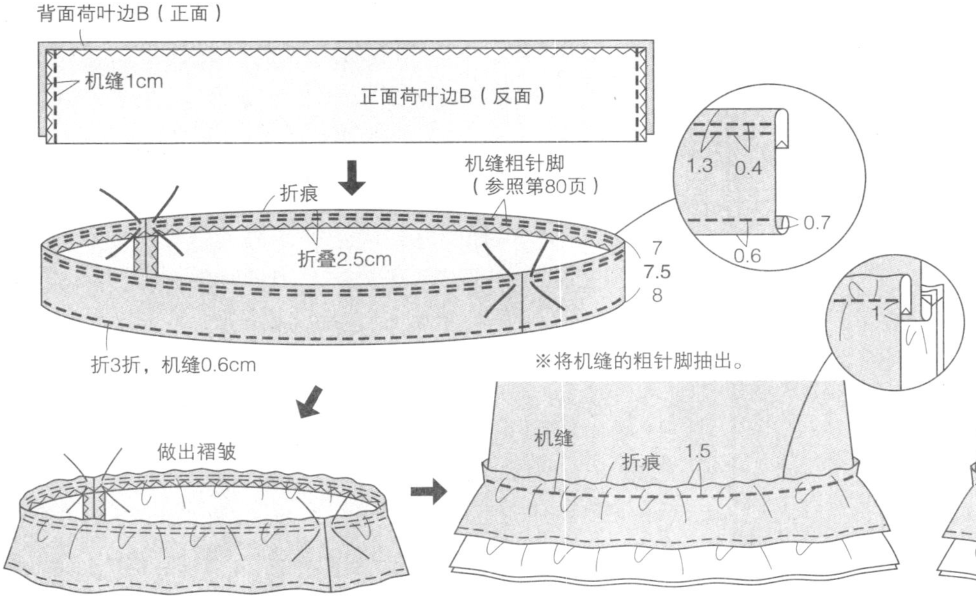

作品24 完成

（与作品25的制作方法相同）

第60页作品34

第61页作品35

作品34、35的材料（1条的用量）

作品34表布（棉布）宽110cm，长分别为80cm、**90cm**、100cm
作品35表布（丹宁）宽110cm，长分别为110cm、**120cm**、140cm
橡皮筋（腰部）宽2cm，长分别为 50cm、**50cm**、60cm
♪腰带没有实物大纸样。直接画在布料上后裁剪。
♪根据个人穿衣习惯调整橡皮筋的长度。

作品34实物大纸样的调整方法

沿下摆线平行剪短，再重新画出下摆线。

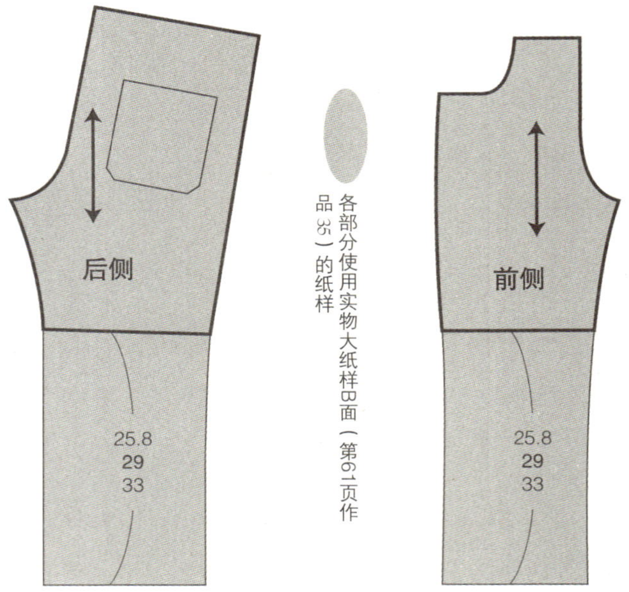

作品35 表布的裁剪方法

○内的数字为缝份尺寸

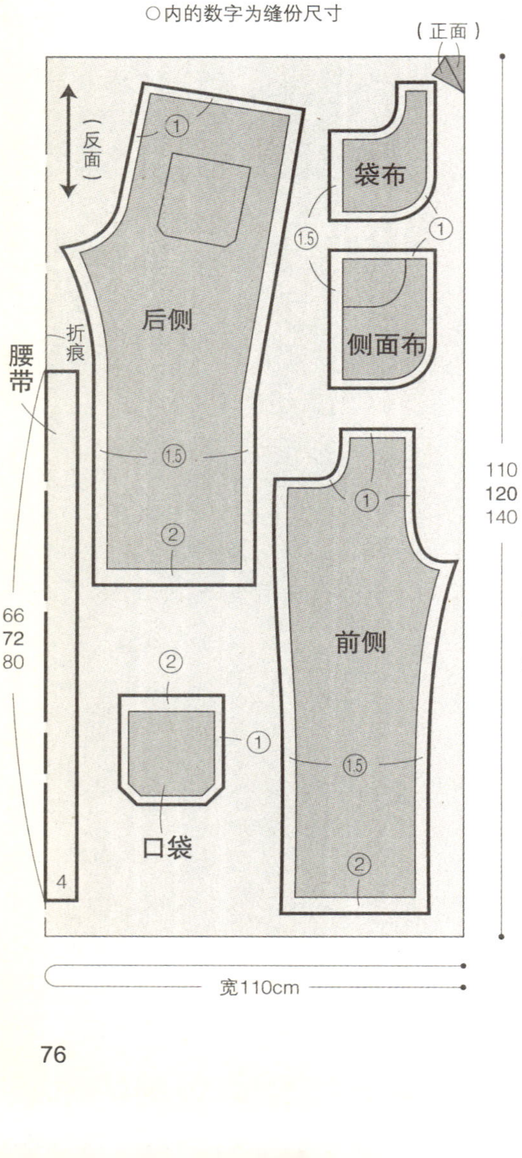

作品34 表布的裁剪方法

○内的数字为缝份尺寸

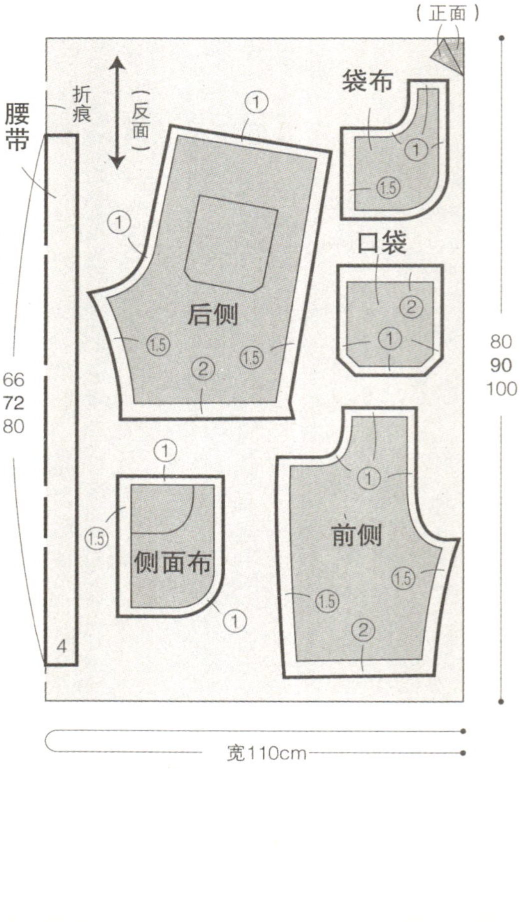

尺寸标记

上行＝100cm（身高95~105cm）
中行＝110cm（身高105~115cm）
下行＝120cm（身高115~125cm）
只有一个数字时为通用部分

作品34完成

（制作方法与作品35相同）

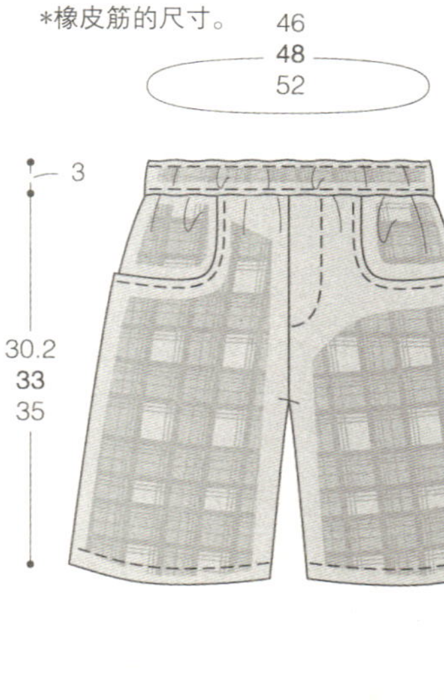

1 制作侧面口袋。

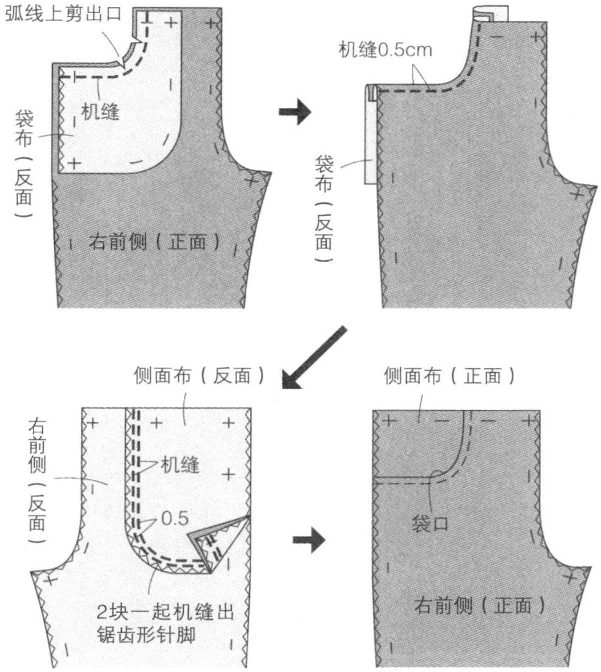

2 制作口袋，拼接缝好。

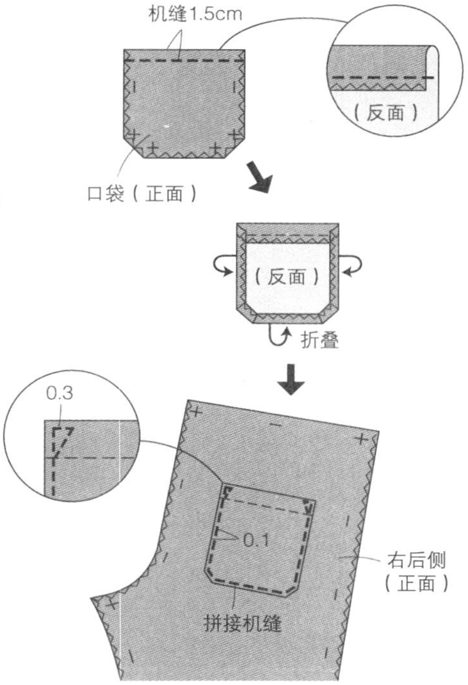

3 缝出侧边线。
4 缝出下裆线。

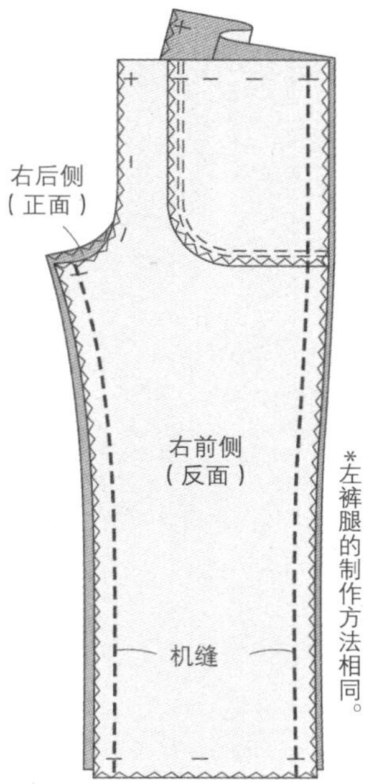

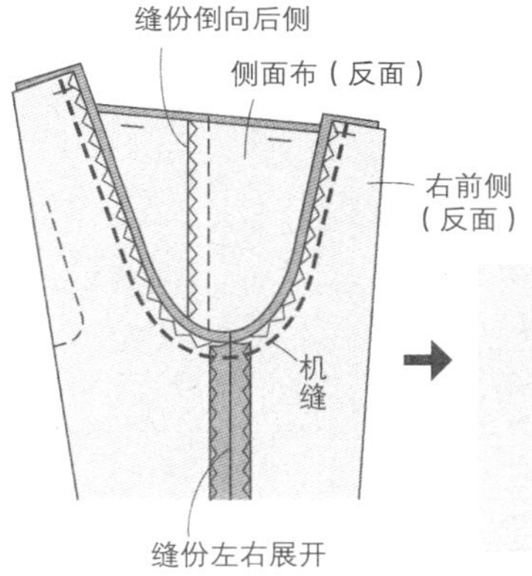

5 缝出上裆线。

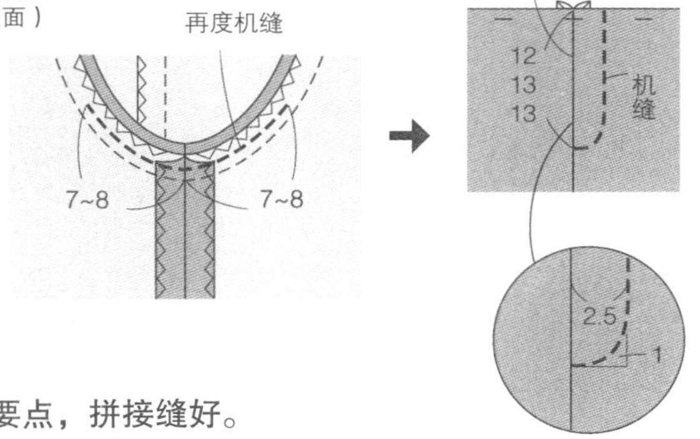

6 缝下摆线。

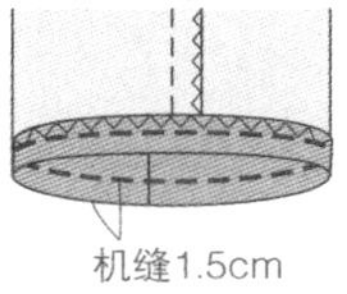

作品35完成

8 47/49/53 cm的橡皮筋从腰间穿过（参照第79页）。

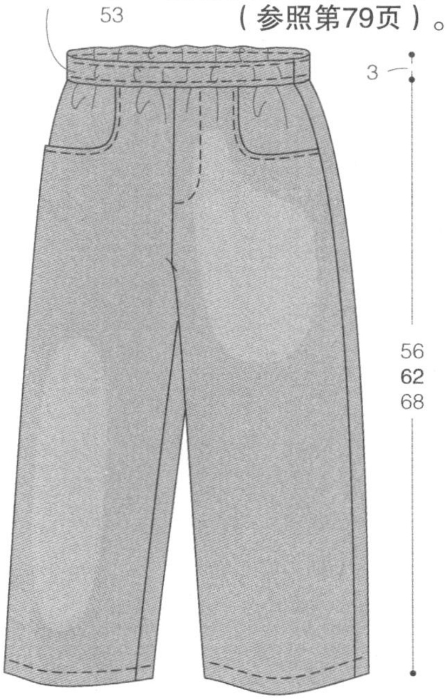

7 制作要点，拼接缝好。

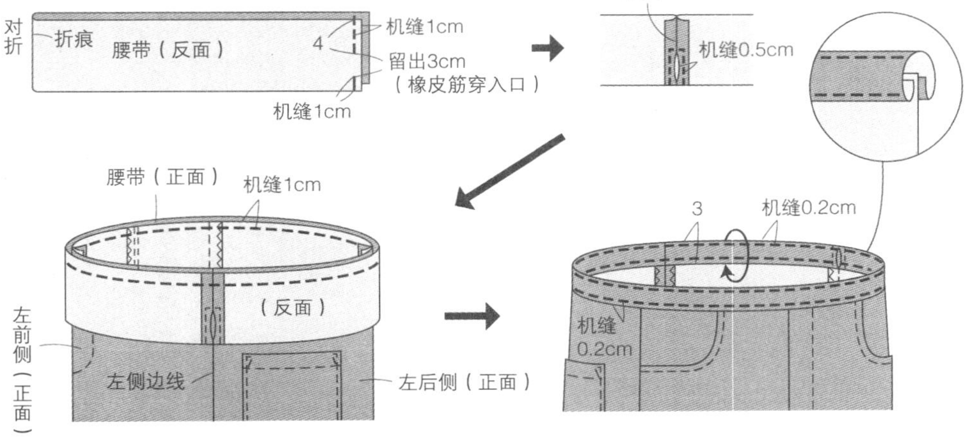

第62页作品36

第62页作品37

作品36、37的材料（1条的用量）

作品36表布（棉质、迷彩）宽110cm，长分别为100cm、**100cm**、110cm
作品37表布（棉质）宽110cm，长分别为110cm、**120cm**、130cm
橡皮筋（腰部）宽2cm，长分别为50cm、**50cm**、60cm
♪腰带没有实物大纸样。直接画在布料上后裁剪。
♪根据个人穿衣习惯调整橡皮筋的长度。

实物大纸样的调整方法

沿下摆线平行裁剪，前侧沿侧边线垂直向下重新画出线。然后再平行剪开前侧的褶皱部分。

各部分使用实物大纸样B面（第61页作品35）的纸样

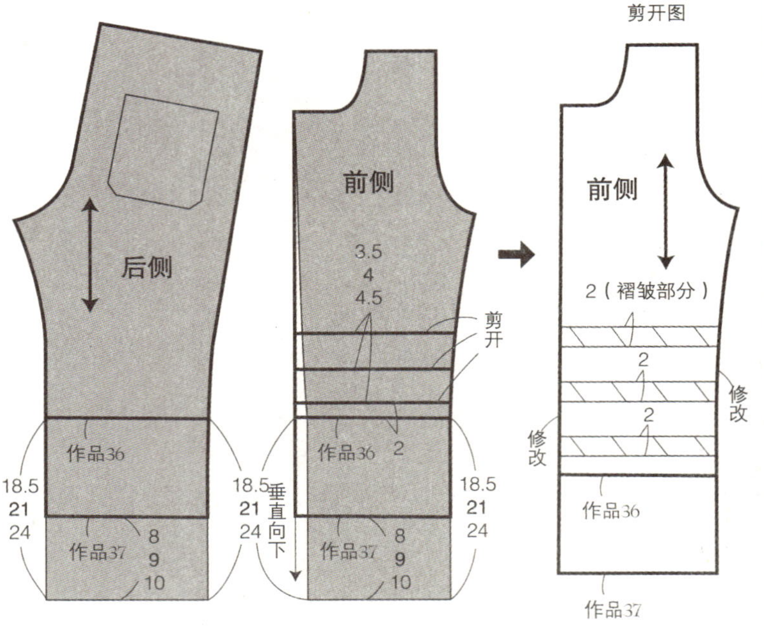

作品37表布的裁剪方法

○内的数字为缝份尺寸

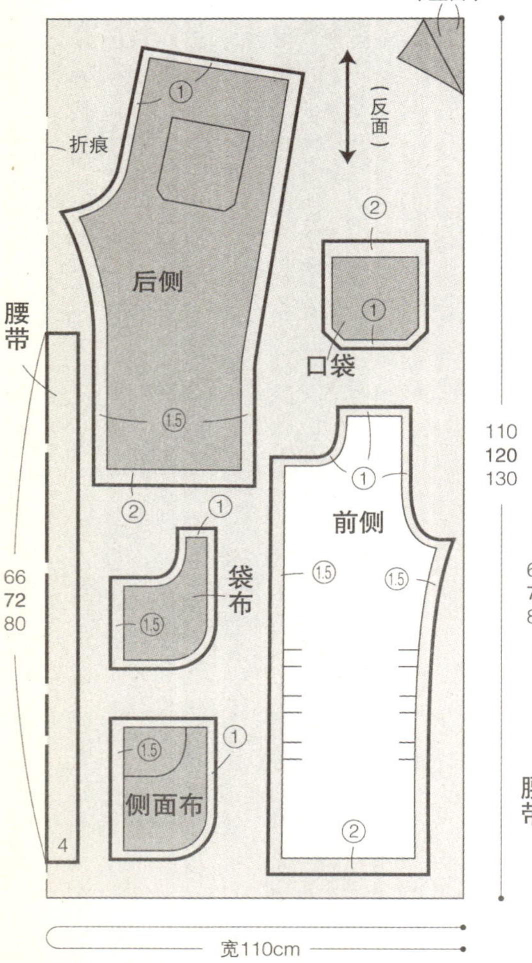

作品36表布的裁剪方法

○内的数字为缝份尺寸

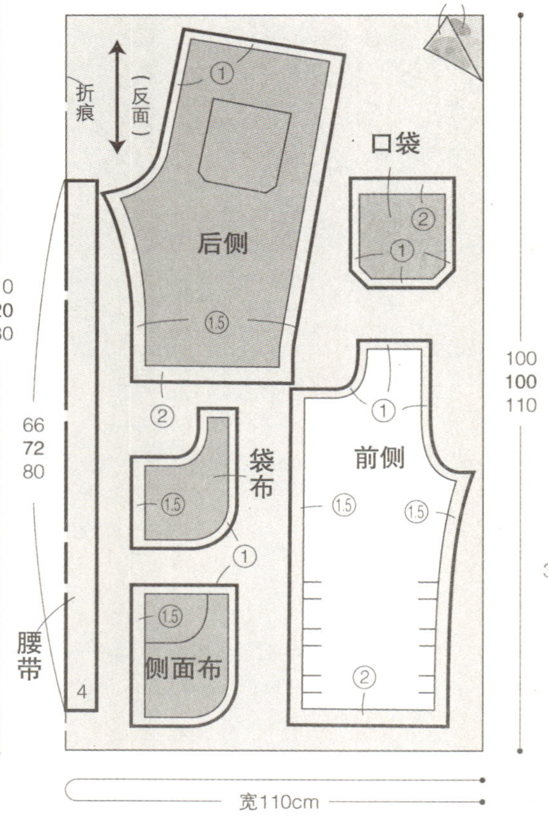

尺寸标记

上行＝100cm（身高95~105cm）
中行＝110cm（身高105~115cm）
下行＝120cm（身高115~125cm）
只有一个数字时为通用部分

作品36 完成

（制作方法与作品37相同）

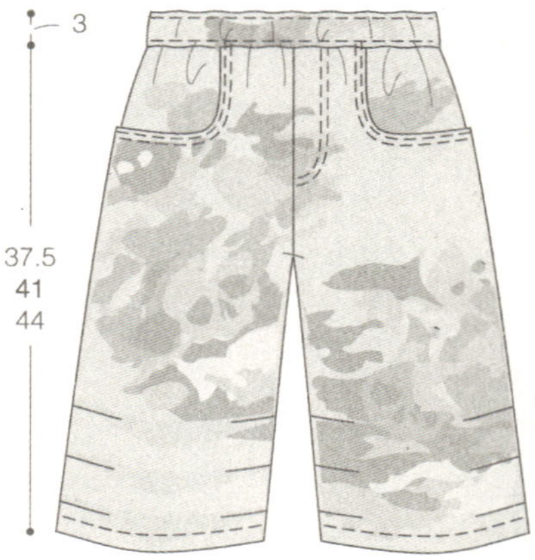

1 制作侧面口袋。

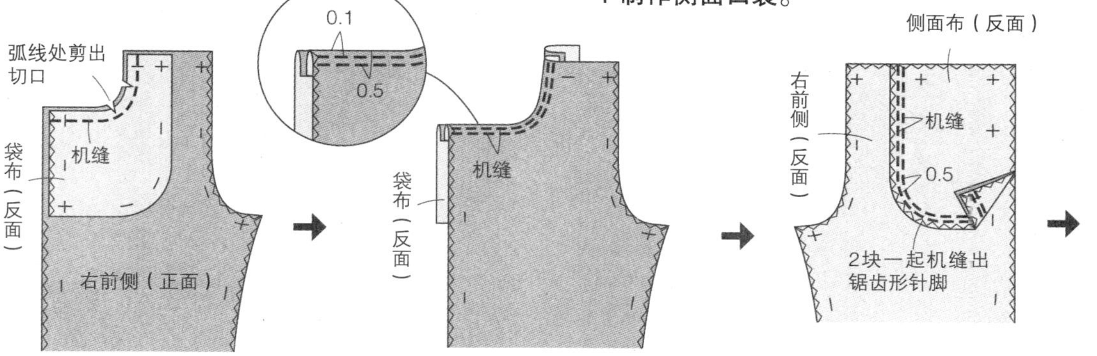

2 制作口袋，拼接缝好。

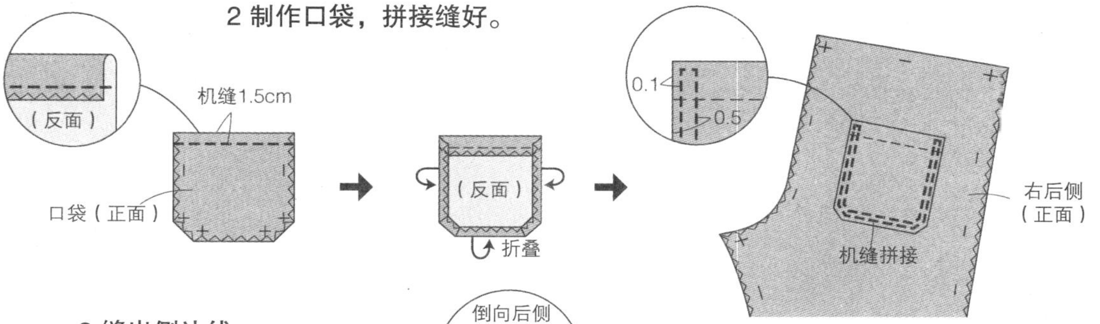

3 缝出侧边线。
4 缝出下裆线。

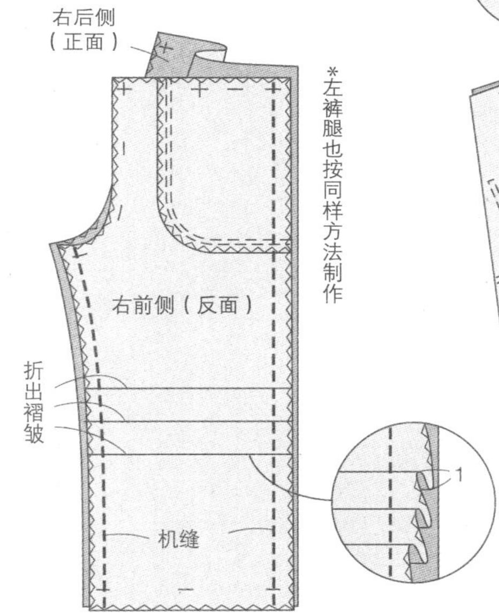

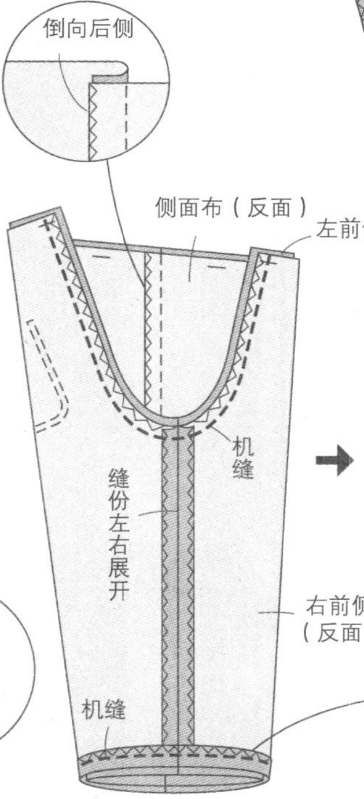

5 缝出上裆线。
6 缝出下摆线。

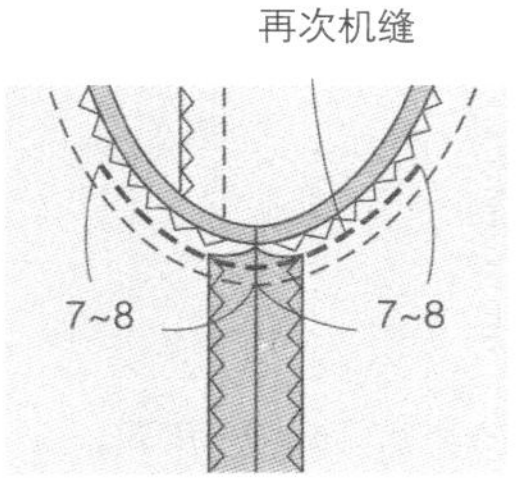

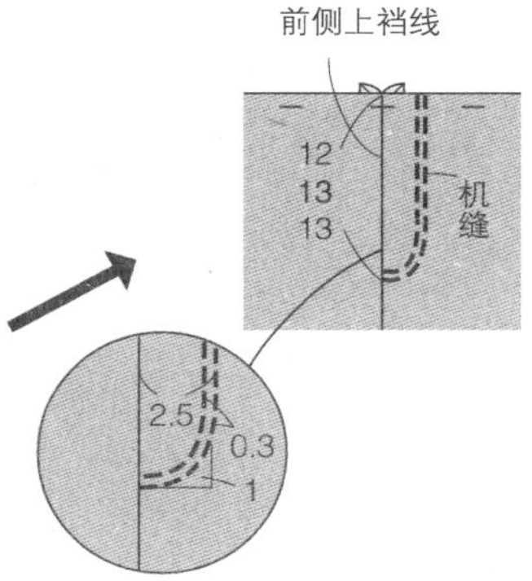

作品37 完成

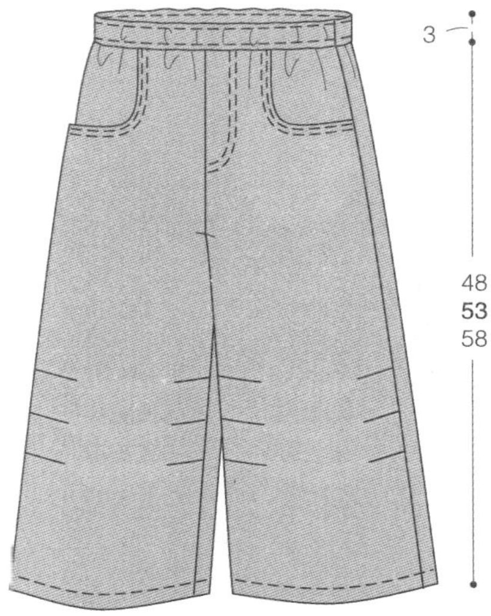

7 制作腰带，拼接缝好（参照第77页）。

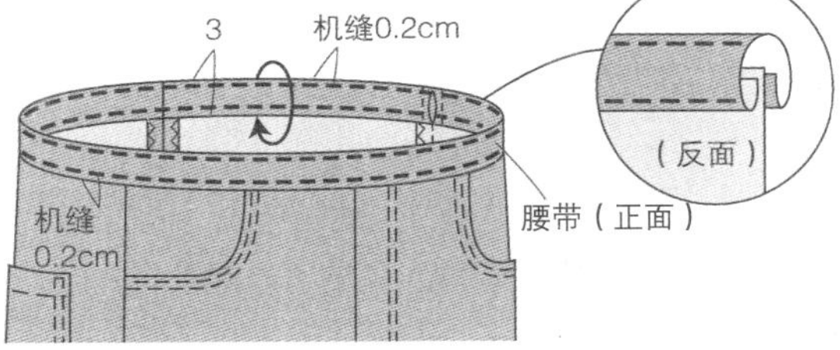

8 橡皮筋从腰间穿过。

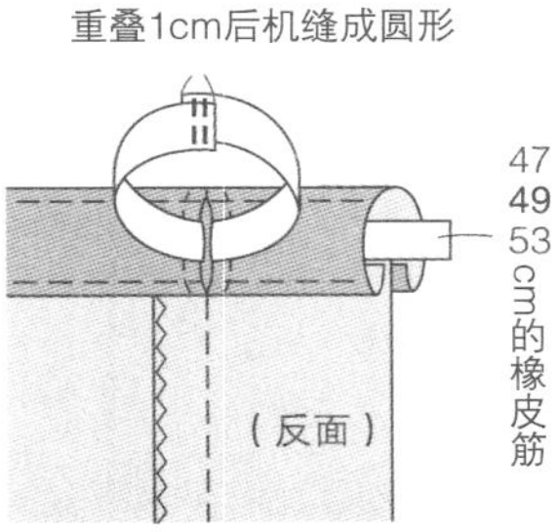

棉布的整理方法

*先在印花布顶端蘸水试试，看是否会掉色再继续。

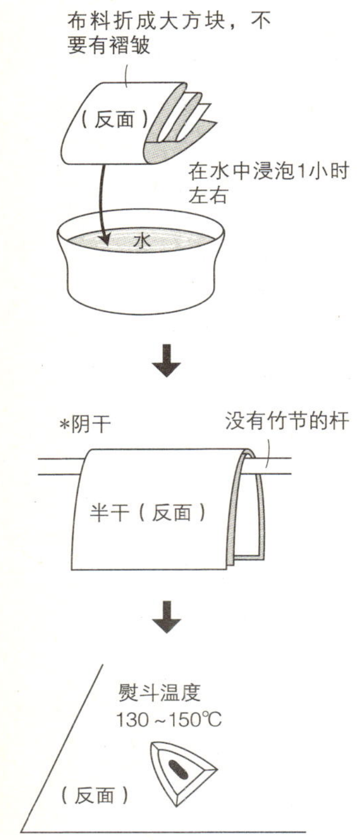

褶皱的制作方法

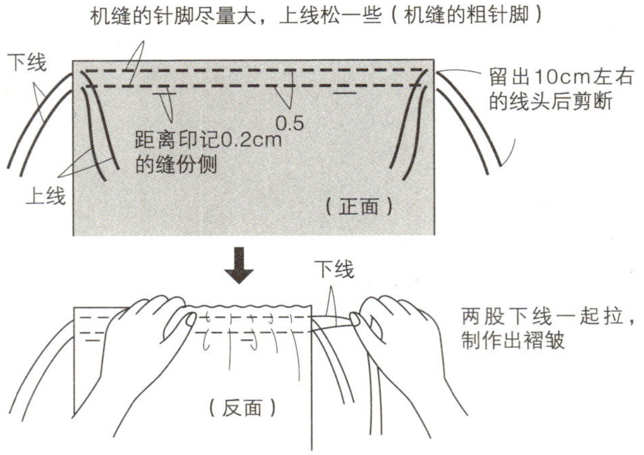

褶皱的缝法

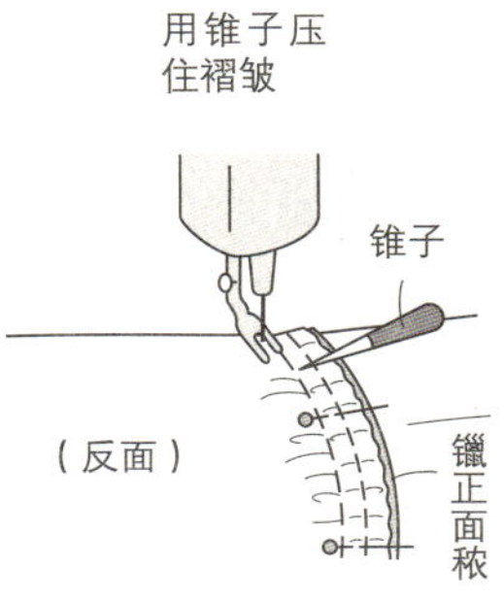

布纹的穿法

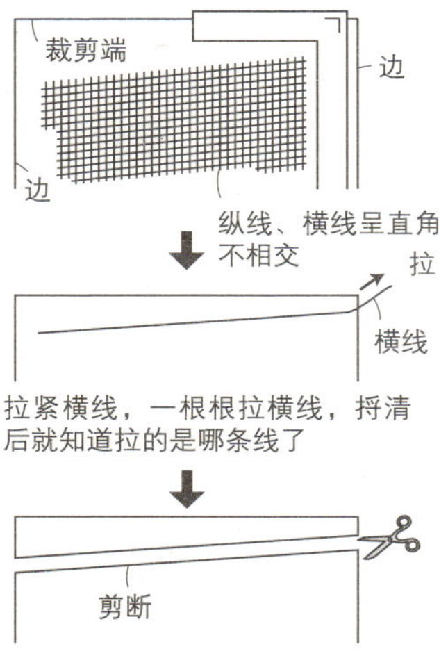

调整歪斜

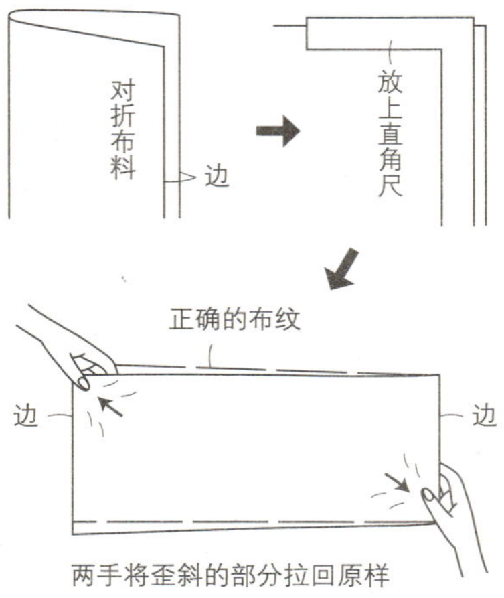

测量方法和参考尺寸

制作西服或者选择图样时，与年龄和身高相比，裤子侧重臀围和腰围，上衣则侧重胸围，选择最接近自己身材的尺寸。

儿童服装的参考尺寸

（单位cm）

部位＼尺寸	100	110	120	
身高	95~105	105~115	115~125	
			男	女
胸围	54	58	64	62
腰围	51	53	57	55
臀围	55	61	69	66
上身长	25	27	30	29
袖长	32	37	41	
上裆	17	18	18	19
下裆	38	43	49	
头围	52	54	55	